Konstruktionsbücher
Herausgeber Professor Dr.-Ing. E.-A. Cornelius, Hamburg
4

Gestaltung von Wälzlagerungen

Von

Dipl.-Ing. Wilhelm Jürgensmeyer
Schweinfurt

Zweite Auflage,
bearbeitet von Dipl.-Ing. H. von Bezold

Mit 162 Abbildungen

Springer-Verlag
Berlin Heidelberg GmbH 1953

ISBN 978-3-662-11870-2 ISBN 978-3-662-11869-6 (eBook)
DOI 10.1007/978-3-662-11869-6

Ursprünglich erschienen bei Springer-Verlag OHG. in Berlin/Göttingen/Heidelberg 1953

Vorwort.

Das von Herrn Wilhelm Jürgensmeyer im Jahre 1939 erschienene Büchlein „Gestaltung von Wälzlagerungen" hat den Zweck, den Leser in gedrängter Form mit allen Fragen vertraut zu machen, die bei Wälzlagereinbauten in Maschinen oder Maschinenteilen Berücksichtigung finden müssen. Bei der 2. Auflage wurde von mir der größte Teil des ursprünglichen Textes beibehalten und bei den Tabellen und Abbildungen nur so weit Änderungen vorgenommen, als dies unter Berücksichtigung des heutigen Standes der Technik notwendig war. Neu bearbeitet wurden die Abschnitte über Schmierung und Abdichtung, außerdem wurden die am Schluß befindlichen Maßtabellen ergänzt sowie Tabellen über dynamische und statische Tragzahlen eingefügt, so daß das Büchlein auch für den praktischen Gebrauch im Konstruktionsbüro geeignet ist.

Schweinfurt im September 1952.

H. v. Bezold.

Inhaltsverzeichnis.

0. Benennung der Wälzlager und Wälzlagerteile.

0,1. Benennung der Wälzlager
(eingeführt 1942).

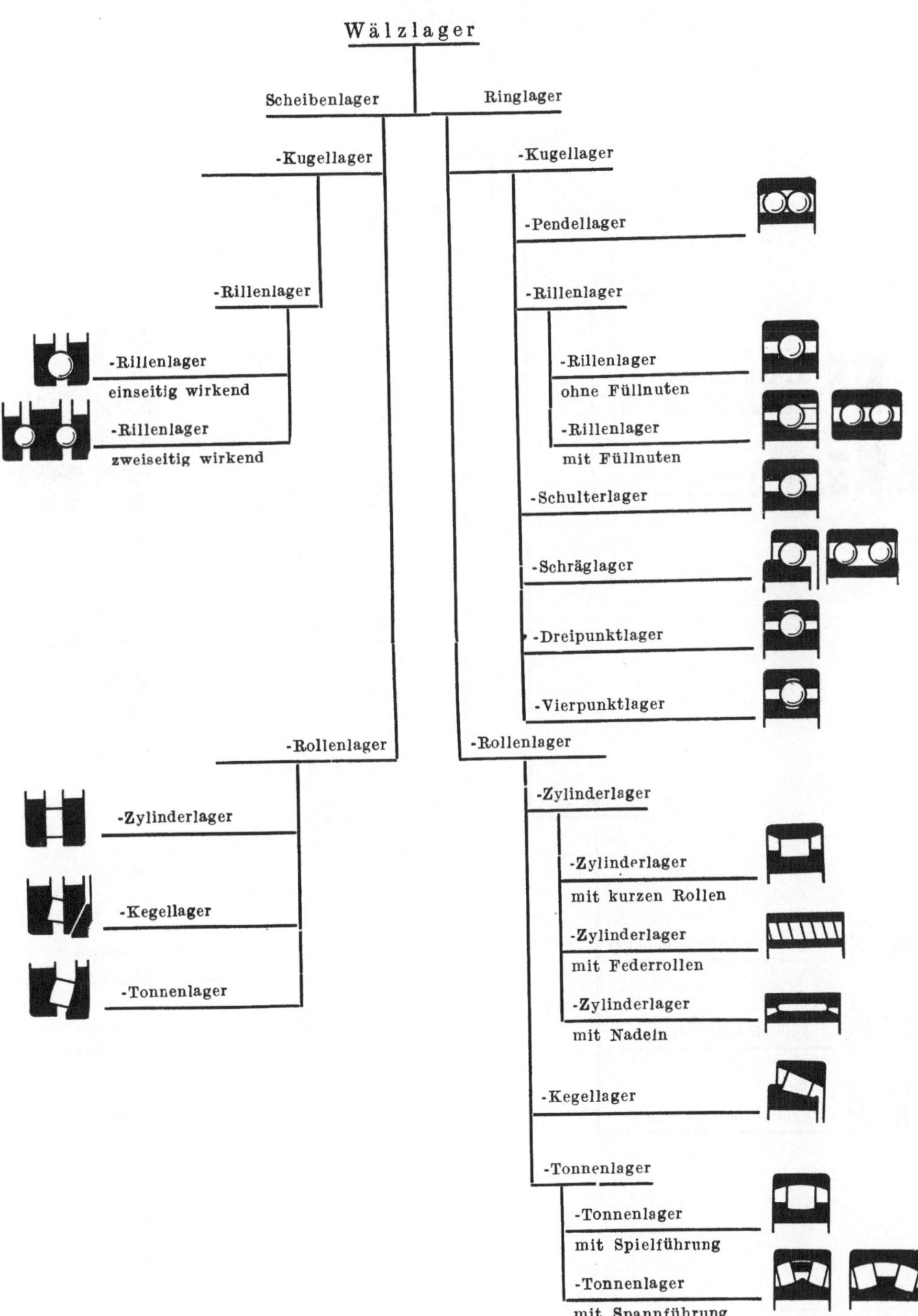

0,1. Benennung der Wälzlager[1] (Fortsetzung).

(Eingeführt 1952.)

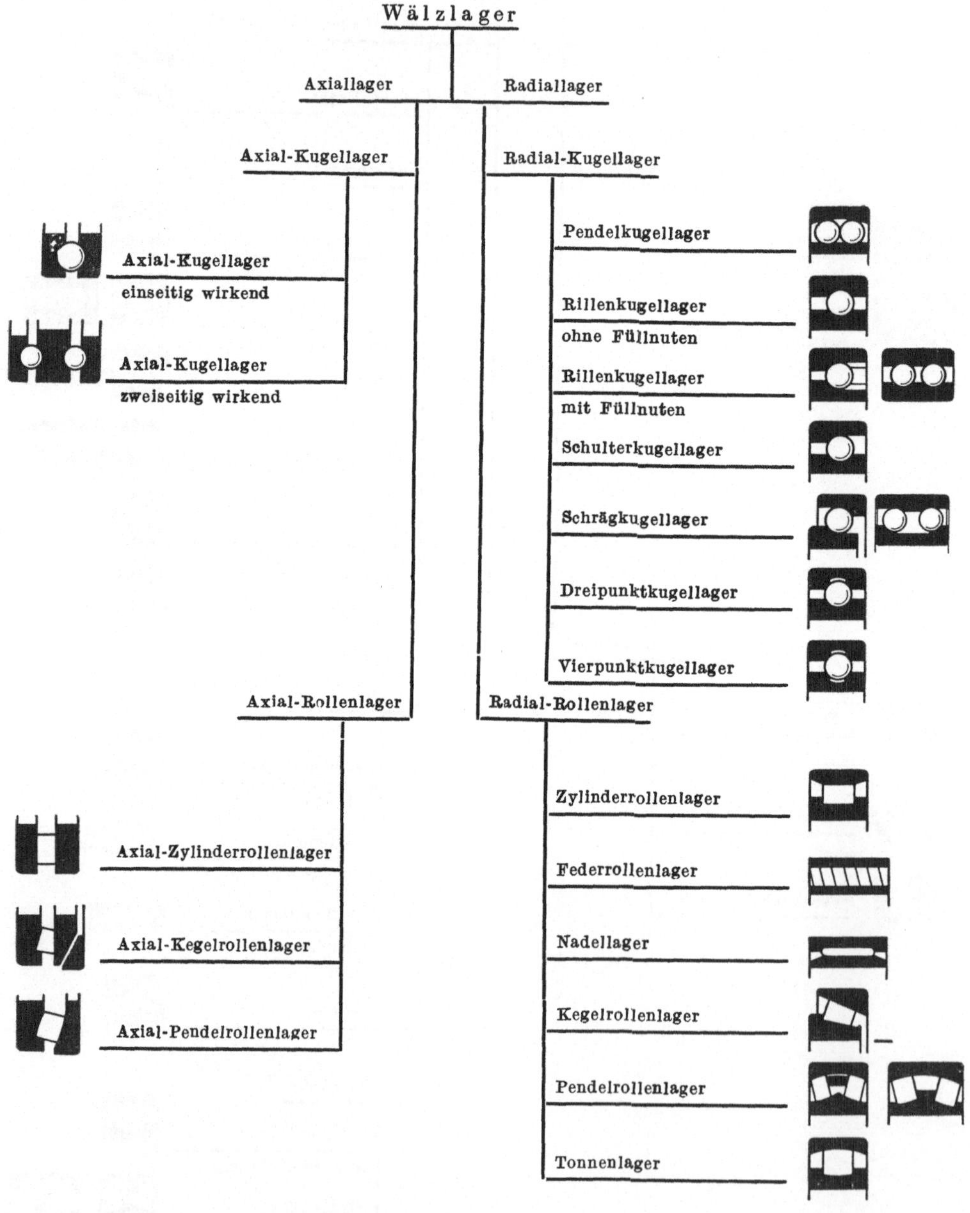

[1] Diese kurz vor der Drucklegung beschlossenen Benennungen konnten nicht mehr an allen Stellen des Buches eingeführt werden.

0,1. Benennung der Wälzlager (Fortsetzung).

Begriffsbestimmung	Benennung	Bildbeispiel
nach den Führungseigenschaften		
Wälzlager, das die Bewegung einer Welle oder eines anderen Maschinenteils nur in radialer Richtung begrenzen kann (Beispiel: Zylinderrollenlager mit Tragring)	Traglager	
Wälzlager, das die Bewegung einer Welle oder eines anderen Maschinenteils überwiegend in radialer Richtung, aber außerdem axial in einer Richtung begrenzen kann (Beispiel: Kegelrollenlager)	Trag-Stütz-lager	
Wälzlager, das die Bewegung einer Welle oder eines anderen Maschinenteils überwiegend in radialer Richtung, aber außerdem axial in beiden Richtungen begrenzen kann (Beispiel: Pendelrollenlager)	Trag-Führungs-lager	
Wälzlager, das die Bewegung einer Welle oder eines anderen Maschinenteils überwiegend in einer Richtung axial, aber außerdem in radialer Richtung begrenzen kann (Beispiel: Axialpendelrollenlager)	Stütz-Traglager	
Wälzlager, das die Bewegung einer Welle oder eines anderen Maschinenteils nur axial in einer Richtung begrenzen kann (Beispiel: einseitig wirkendes Axialkugellager)	Stützlager	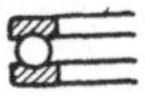
Wälzlager, das die Bewegung einer Welle oder eines anderen Maschinenteils nur axial in beiden Richtungen begrenzen kann (Beispiel: zweiseitig wirkendes Axialkugellager)	Führungs-lager	
nach dem Einbaustand		
Radiallager, welches so eingebaut ist, daß es die Bewegung der Welle axial in beiden Richtungen begrenzt	Festlager	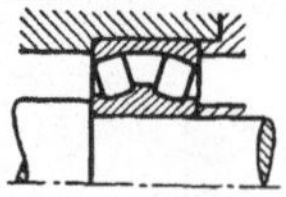
Radiallager, welches so eingebaut ist, daß es die Bewegung der Welle axial nur in einer Richtung begrenzt	Spurlager	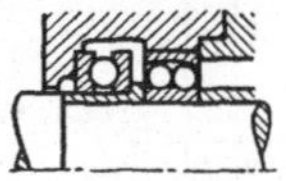
Radiallager, welches so eingebaut ist, daß es die Bewegung der Welle axial in beiden Richtungen nicht begrenzt	Loslager	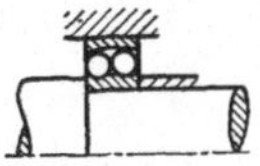
nach der Winkelbeweglichkeit		
Wälzlager, das keine Schiefstellung der Rollbahnkörper zueinander zuläßt (Beispiele: Zylinderrollenlager mit zyl. Rollbahnen, zweireihiges Radialrillenkugellager)	Starres Lager	
Wälzlager, das eine Schiefstellung der Rollbahnkörper zueinander zuläßt (Beispiele: Pendelkugellager, Tonnenlager)	Schwenk-bares Lager	
nach der Festlegung der Radialluft		
Wälzlager, bei dem die Radialluft bei der Herstellung festgelegt wurde (Beispiel: Rillenkugellager)	Geschlossenes Lager	
Wälzlager, bei dem die Radialluft erst beim Einbau festgelegt werden kann (Beispiel: Kegelrollenlager)	Offenes Lager	
nach der Verbindung der Teile		
Wälzlager, bei dem im nicht eingebauten Zustand die gegenseitige Bewegung der Rollbahnkörper nach beiden Seiten durch die Rollkörper begrenzt ist (Beispiel: Rillenkugellager)	Selbst-haltendes Lager	
Wälzlager, bei dem im nicht eingebauten Zustand die gegenseitige Bewegung der Rollbahnkörper nach einer Seite oder beiden Seiten nicht begrenzt ist (Beispiel: Schulterkugellager)	Nicht selbst-haltendes Lager	

0,2. Benennung der Wälzlagerteile.

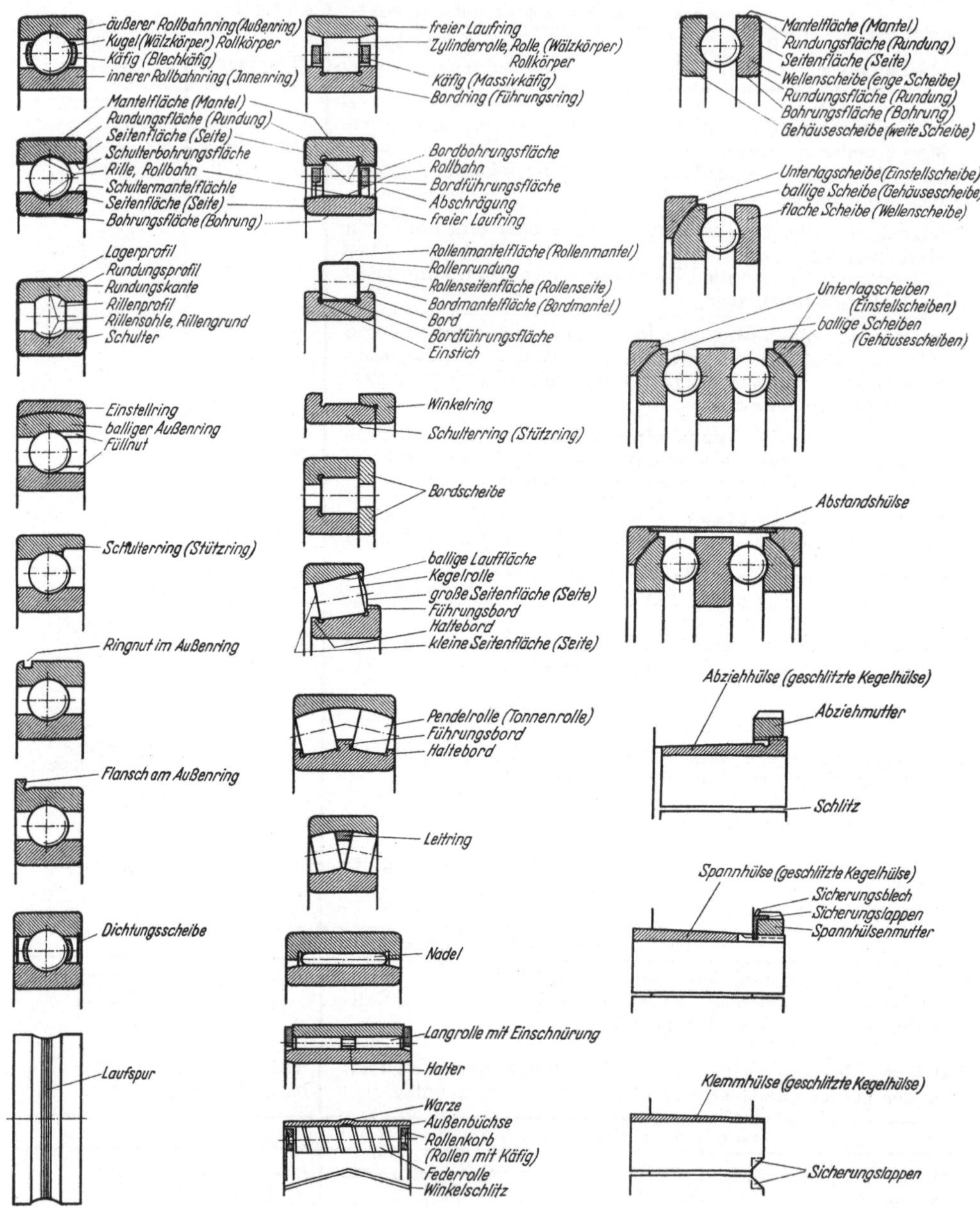

Berichtigung.

Seite 26 müssen die Formeln folgendermaßen lauten:

Zeile 7: $$L_h = 500 \left(\frac{C_n}{P}\right)^3$$

Zeile 10: $$f_h = \text{Lebensdauerfaktor} = \sqrt[3]{\frac{L_h}{500}}$$

Zeile 12: $$C \geq \frac{P \cdot f_h}{f_n}.$$

1. Beschreibung der neuzeitlichen Lagerarten.

1,1. Bauformen.

1,11 Radialkugellager.

1,111. Rillenkugellager ohne Füllnuten. Diese Lager werden nur in einreihiger Ausführung hergestellt (Abb. 1). Die Rillen der beiden Rollbahnringe sind verhältnismäßig tief. Die Schmiegung zwischen Kugel und Rille ist innig. Um Nuten an den Rollbahnringen zu vermeiden, werden die Ringe bei der Montage des Lagers exzentrisch zueinander verschoben und so viele Kugeln in den freien Raum eingebracht wie möglich ist (Abb. 2). Dann werden die Kugeln gleichmäßig verteilt, die beiden gleichförmigen Käfighälften von beiden Seiten um die Kugeln gelegt und vernietet. Bei kleinen Lagern werden die beiden Hälften durch umgebogene Lappen gehalten. Für den Autobau werden diese Lager, um Platz zu sparen, auch mit einer Ringnut im Außenring geliefert. Für gewisse Fälle erhalten die Lager auch eine oder zwei Dichtungsscheiben.

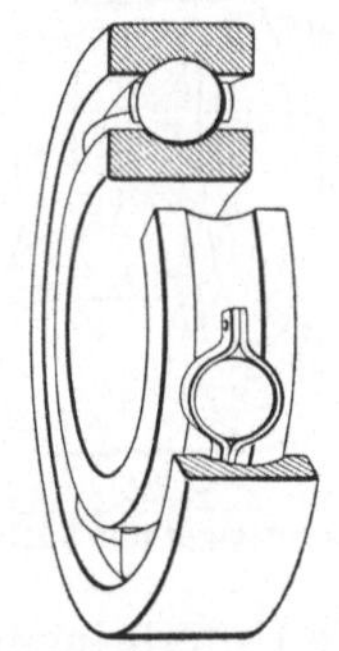

Abb. 1. Rillenkugellager ohne Füllnuten.

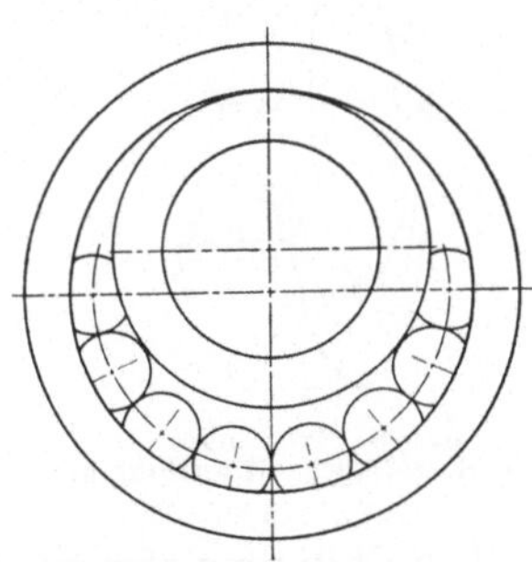

Abb. 2. Einfüllen der Kugeln beim Rillenkugellager ohne Füllnuten.

Durch große Kugeln und innige Schmiegung erzielt man eine fast ebenso hohe radiale Tragfähigkeit wie bei Lagern mit Füllnuten. Die Anwendung der Rillenkugellager ohne Füllnuten ist aber bedeutend vielseitiger, da sowohl kombinierte Axial- und Radial-Belastungen als auch reine und verhältnismäßig hohe Axialdrücke aufgenommen werden können. In den meisten Fällen kann auf die Anordnung besonderer Axiallager verzichtet werden.

Bei sehr hohen Axialdrücken verwendet man zwei Lager nebeneinander, die im eingebauten Zustand bei gleicher Last die gleiche Verschiebung der Rollbahnringe ergeben müssen, wenn sie gleichmäßig an der Aufnahme der Belastung teilnehmen sollen. Um diesen Zustand zu erreichen, müssen die Überstände $\ddot{u}_1$ und $\ddot{u}_2$ (Abb. 3) möglichst genau gleich sein bei kleinem Axialschlag des Lagers und der Anlageflächen. Außerdem sollten die Bohrungsmaße übereinstimmen, um die Luft nicht unterschiedlich zu beeinflussen. Wenn Zwischenscheiben oder Büchsen verwendet werden, müssen diese ebenso abgestimmt werden. Günstiger ist daher die Anordnung von Federn, die so bemessen sind, daß jedes Lager gerade die halbe Belastung aufzunehmen hat.

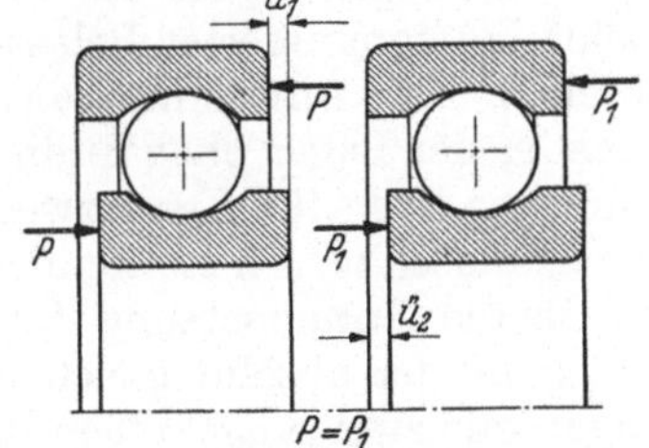

Abb. 3. 2 Rillenkugellager für die Aufnahme von Axialdruck nach einer Richtung.

Infolge der Radialluft ist eine geringe Schiefstellung des einen Ringes gegenüber dem anderen möglich, ohne daß eine nennenswerte Erhöhung des Kugeldruckes eintritt. Die Reibung nimmt aber erheblich zu. Auch die Käfigbeanspruchung wird groß. Es ist daher zweckmäßig, für eine möglichst genaue Gleichachsigkeit zu sorgen.

1,112. Rillenkugellager mit Füllnuten. Diese Lagerart wird mit einer Rille oder mit zwei Rillen in jedem Rollbahnring für eine Reihe oder zwei Reihen Kugeln ausgeführt (Abb. 4 u. 5). Zum Einfüllen der Kugeln ist auf einer Seite eines jeden Ringes eine Nut vorgesehen, die nicht bis auf den Grund der Rille reicht. Es ergibt sich daraus aber die Notwendigkeit, die letzten Kugeln unter einem gewissen Druck einzuführen oder den Außenring beim Zusammenbau des Lagers zu erwärmen.

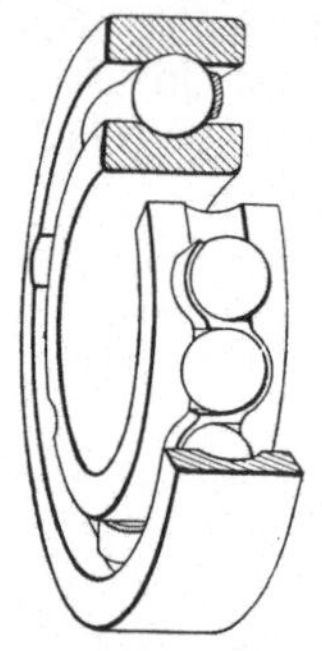

Abb. 4. Einreihiges Rillenkugellager mit Füllnuten.

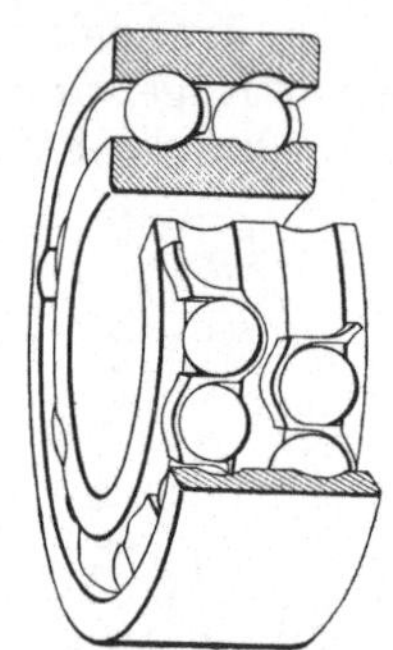

Abb. 5. Zweireihiges Rillenkugellager mit Füllnuten.

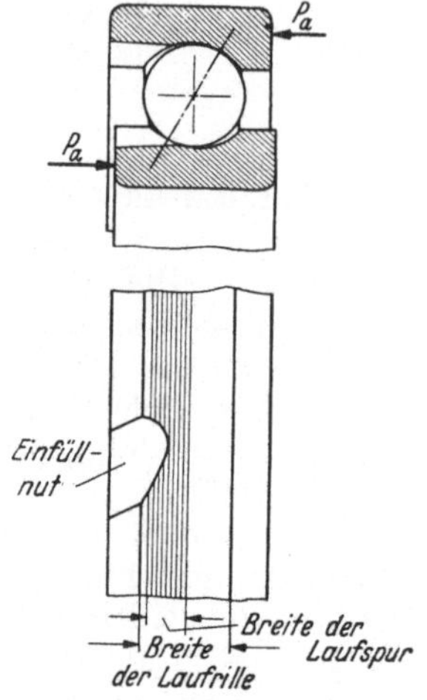

Abb. 6. Lage der Laufspur bei Axialdruck.

Die Füllnuten ermöglichen die Unterbringung vieler Kugeln. Sie bedingen aber im allgemeinen, wenn nicht ganz besondere Maßnahmen getroffen werden, einen großen Rillenradius im Vergleich zum Kugelhalbmesser, also eine verhältnismäßig ungünstige Schmiegung, um eine allzustarke Schwächung an der Einfüllstelle und wenigstens bei geringer Radialbelastung ein Überrollen der Kanten zu verhindern. Bei Axialdruck liegt die Rollspur mehr oder weniger im Bereich der Füllnut (Abb. 6).

Das Rillenkugellager mit Füllnuten dient deshalb in erster Linie zur Aufnahme radial zur Achse gerichteter Drücke. Infolge des großen Rillenhalbmessers und der geringen Lagerluft ist die Tragfähigkeit in axialer Richtung beschränkt. Es ist daher bei kombinierter Belastung meistens erforderlich, besondere Axiallager vorzusehen. Die Anwendung dieser Lagerart ist aus diesen Gründen immer mehr zugunsten der Lager ohne Füllnuten zurückgegangen. Sie gilt daher als veraltet und wird nur noch für Ersatzzwecke und mit kegeliger Bohrung für Kurbellager von Dreschmaschinen in zweireihiger Ausführung hergestellt.

Da die Voraussetzung für eine gleichmäßige Lastverteilung auf zwei Kugelreihen in der absolut gleichen Lagerluft besteht, ist die Tragfähigkeit bei einem Lager mit zwei Kugelreihen unbestimmt. Sie darf daher nur etwa 60% höher eingesetzt werden als die eines entsprechend großen einreihigen Lagers.

Früher wurde das Rillenlager mit Füllnuten auch mit balligem Außenring und Einstellring ausgeführt. Diese Konstruktion ist jedoch allmählich durch das wesentlich günstigere Pendelkugellager verdrängt worden.

1,113. Pendelkugellager. Auch die schmale Ausführung dieser Lagerart besitzt zwei Reihen Kugeln (Abb. 7). Die Hauptmaße sind dieselben wie bei den einreihigen und zweireihigen Rillenkugellagern. Nur die Lager über 110 mm Bohrung der leichten Reihe und über 95 mm der mittleren Reihe haben eine etwas größere Breite. Die Pendellager werden in fast allen Größen auch mit kegeliger Bohrung versehen und können dann mit geschlitzten Kegelhülsen befestigt werden (Abb. 8). Für landwirtschaftliche Maschinen benutzt man entweder Lager mit einer dünnen, geschlitzten Hülse (Abb. 9) oder Lager mit einem besonders breiten, hülsenartigen Innenring (Abb. 10).

Die radiale Tragfähigkeit dieser Lagerart ist wegen der geringeren Schmiegung der Kugeln am Außenring etwas geringer als bei gleich großen einreihigen Radialkugellagern. Die Tragfähigkeit in axialer Richtung ist abhängig von dem Druckwinkel. Sie ist also bei den Lagern der breiten Reihen größer als bei denen der schmalen Reihen.

Infolge der hohlkugeligen Ausbildung der Rollbahn des Außenringes kann der Innenring mit Kugeln um den Lagermittelpunkt innerhalb gewisser Grenzen geschwenkt werden, wenn er sich gleichzeitig dreht. Es ist dann die seitliche Bewegung

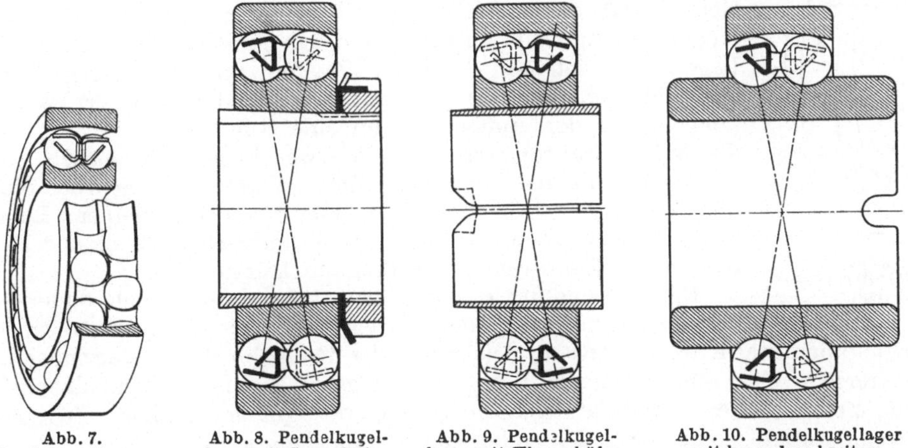

Abb. 7. Pendelkugellager.

Abb. 8. Pendelkugellager mit Spannhülse.

Abb. 9. Pendelkugellager mit Klemmhülse.

Abb. 10. Pendelkugellager mit besonders breitem Innenring.

der Kugeln gegenüber der Bewegung in Umfangsrichtung so gering, daß das Schwenken fast ohne zusätzliche Reibung stattfindet. Erfolgt das Aus- oder Einschwenken aber bei stillstehenden Rollbahnringen unter Last, dann entsteht eine hohe Reibung, weil die Bewegung als reines Gleiten vor sich gehen muß, wobei die Kugeln sperren. Die Reibung wird auch dann ungünstig beeinflußt, wenn bei geringer Drehzahl des Innenringes eine im Verhältnis zur Drehgeschwindigkeit schnelle Schwenkbewegung dauernd vorkommt; eine kleine, langsame Schwenkbewegung ruft keine störende Wirkung hervor. Bei umlaufendem Außenring kann das Pendelkugellager nur bei ganz kleinem Schwenkwinkel — dann allerdings mit Vorteil — verwendet werden.

Die Schwenkbarkeit ist von großer Bedeutung, weil die Herstellung mehrerer genau gleichachsiger Gehäusebohrungen in einem Gußstück schwierig ist, wenn die Sitzflächen nicht in einem Arbeitsgang und nicht in der Stellung bearbeitet werden können, die sie später beim Zusammenbau einnehmen. Bei voneinander unabhängigen Gehäusen, die auf getrennten Unterlagen montiert werden, ist die Gefahr der Verachsung noch wesentlich größer. Außerdem können Wellenbiegungen vorkommen, vor allen Dingen, wenn hohe Belastungen auftreten oder große Lagerentfernungen vorhanden sind. Verachsungen erzeugen leicht hohe Zusatzkräfte, die zu frühzeitiger Zerstörung starrer Lager Veranlassung geben. Man sollte daher Pendellager wählen, wenn ein großer Schwenkwinkel erforderlich ist. Wegen ihrer hohen Tragfähigkeit sind die breiten Reihen auch in solchen Fällen vorteilhaft, wo eine Einstellbarkeit nicht verlangt wird. Der zulässige Schwenkwinkel beträgt ungefähr $\pm 2\frac{1}{2}°$. Dieser Betrag genügt vollkommen, wenn es sich nur darum handelt, Bearbeitungsfehler, Montagefehler oder Wellenbiegungen auszugleichen.

Infolge der kugeligen Außenrollbahn ist dieses Lager für die Lagerung von solchen Spindeln besonders gut geeignet, bei denen es auf einen geringen axialen Schlag ankommt.

1,114. Schulterkugellager. Der Innenring dieser Lagerart hat ein ähnliches Profil wie der eines Rillenkugellagers. Der Radius der Rille ist aber im Verhältnis zu dem der Kugel größer und die Höhe der Schulter niedriger als beim Rillenlager. Der Außenring besitzt nur eine Schulter, die sich an den zylindrischen Teil der Rollbahn anschließt (Abb. 11). Dieses Lager ist daher nicht „selbsthaltend“. Die Herstellung bedingt eine hohe Genauigkeit, da die Außenringe einerseits und die Innenringe mit Kugeln andererseits austauschbar sein müssen. Der Einbau des Lagers ist auch bei strammer Passung für beide Ringe leicht durchführbar, weil sie getrennt voneinander montiert werden können. Da der Außenring nur eine Schulter besitzt, sind für die axiale Führung einer Welle zwei Lager erforderlich. Mit Rücksicht auf die unterschiedliche Wärmedehnung von Welle und Gehäuse lassen sich diese Lager nur bei kleinem Lagerabstand verwenden. Infolge der zylindrischen Form der Rollbahn des Außenringes ist die Tragfähigkeit gering.

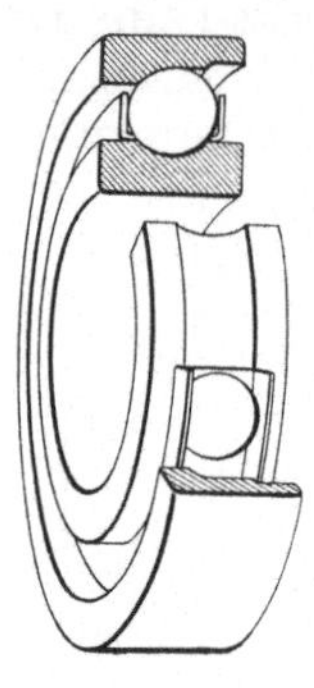

Abb. 11. Schulterkugellager.

Die Anwendung dieser Lagerart beschränkt sich daher auf Apparate und ganz kleine Elektromotoren, z. B. Staubsauger, Magnetapparate, Kreiselkompasse. Die Form der Rollbahn des Außenringes hat andererseits eine sehr geringe Reibung zur Folge. Diese Lager sind daher für feine Meßinstrumente und für hochtourige Apparate gut verwendbar. Für diese Zwecke werden sie mit besonders hoher Genauigkeit hergestellt.

1,115. Schrägkugellager. Die Rillenprofile der Rollbahnringe dieser Lager liegen seitlich versetzt zueinander und schräg zur Hauptachse (Abb. 12). Infolgedessen ergibt sich ein großer Druckwinkel und eine hohe Tragfähigkeit in Achsrichtung. Auch die radiale Belastbarkeit ist verhältnismäßig hoch, da zahlreiche große Kugeln verwendet werden können. Die Reibung dieses Lagers ist aber ziemlich hoch und die Drehzahl beschränkt. Die Beanspruchung des Käfigs ist ungünstig, weil auch bei rein radialer Belastung infolge der Zu- und Abnahme des Kugeldruckes in jeder Stellung der Kugel in der belasteten Zone ein anderer Berührungswinkel vorhanden ist. Die Kugeln müssen daher ständig beschleunigt und verzögert werden.

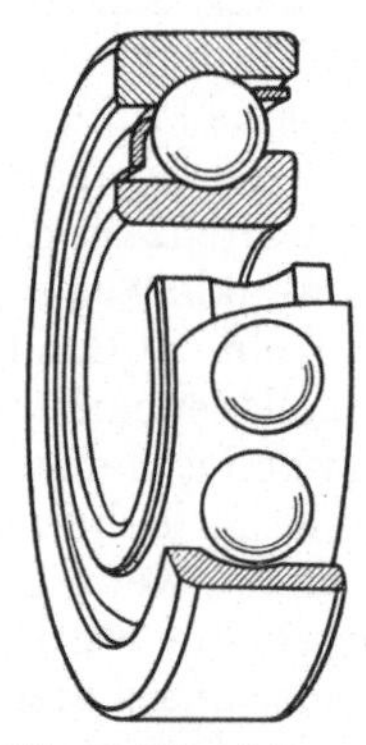

Abb. 12. Einreihiges Schrägkugellager.

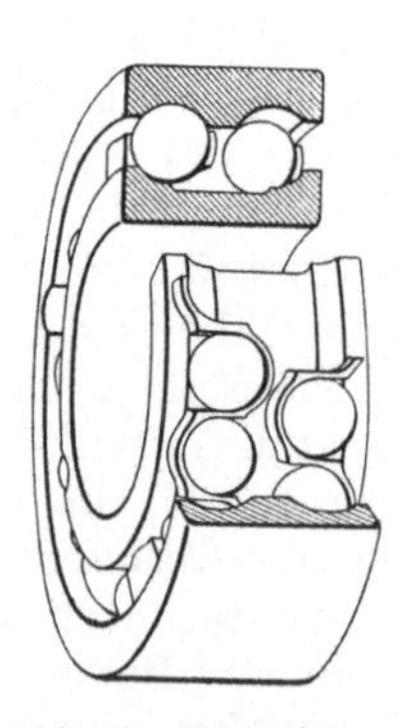

Abb. 13. Zweireihiges Schrägkugellager

Die Konstruktion der einreihigen Lager bedingt, ähnlich wie bei den Schulterkugellagern und den später zu behandelnden Kegelrollenlagern, paarweisen Einbau und Einstellung der Lagerluft. Sie sind daher nur für solche Fälle brauchbar, wo der Lagerabstand klein ist, wie z. B. bei Vorderrädern von Automobilen, so daß der

Unterschied in der Wärmedehnung immer geringer ist als das in der Lagerung vorhandene Axialspiel.

Die moderne zweireihige Ausführung mit einteiligen Rollbahnringen (Abb. 13) wird vorteilhaft für Lagerstellen verwendet, wo eine hohe radiale Tragfähigkeit verlangt wird und gleichzeitig starke Axialdrücke nach beiden Seiten vorkommen, wie z. B. bei der Lagerung des Ritzels zum Antrieb der Hinterachse von Automobilen.

1,116. Dreipunkt- und Vierpunktkugellager. Der Innenring eines Dreipunktlagers ist mit einer normalen Rille versehen, ähnlich wie bei einem Rillenlager. Der Außenring ist geteilt. Jede Hälfte besitzt eine flache Rille, die so ausgebildet ist, daß die Kugeln nicht an der tiefsten Stelle, sondern seitwärts in den Rillen die Rollbahn berühren (Abb. 14). Die Außenringhälften sind in der Breite so bemessen, daß das Lager fast vollkommen spielfrei läuft. Es kann nur als Festlager verwendet werden, da die beiden Hälften durch Deckel, Scheiben oder Ringe seitlich verspannt werden müssen.

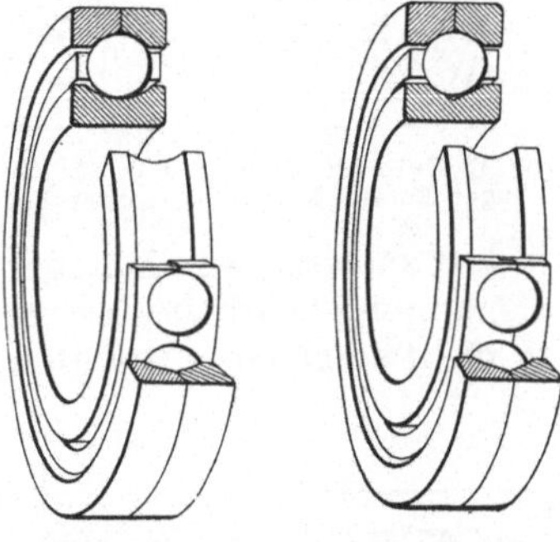

Abb. 14. Dreipunktkugellager. Abb. 15. Vierpunktkugellager.

Diese Lagerart dient daher zur Führung, wenn ein geringes Axialspiel gewünscht wird. Die Reibung ist höher als bei Rillenlagern. Wegen der Teilung des Außenringes können zahlreiche Kugeln untergebracht werden, so daß die ungünstige Schmiegung ausgeglichen wird. Der Käfig wird hoch beansprucht, weil der Druckwinkel bei kombinierter Last stark schwankt.

Das Vierpunktlager (Abb. 15) unterscheidet sich von dem Dreipunktlager nur durch die Ausbildung der Rille des Innenringes, die ebenfalls so geformt ist, daß die Kugeln die Rollbahn an zwei Punkten berühren. Hierdurch wird die radiale Tragfähigkeit gering, die Reibung hoch, aber die axiale Beweglichkeit des einen Ringes gegenüber dem anderen sehr klein.

Die Anwendung der Dreipunkt- und Vierpunktlager ist auf wenige Sonderfälle beschränkt. Sie können im allgemeinen nicht empfohlen werden.

1,12. Radialrollenlager.

1,121. Zylinderrollenlager. Die Zylinderrollenlager werden in den gleichen Hauptmaßen hergestellt wie die normalen Kugellager. Bei den schmalen Reihen ist die Dicke der Rollen gleich ihrer Länge. Bei der breiten Ausführung beträgt das Verhältnis etwa 1:1,5. Die Rollen werden zwischen Borden des Innen- oder Außenringes geführt (Abb. 16 u. 17). Je nachdem, welcher Ring zwei Borde besitzt, unterscheidet man zwischen Innenbordlagern und Außenbordlagern. Der sog. freie Ring wird entweder ohne Bord, um der Welle axiale Bewegung nach beiden Seiten zu gestatten (Abb. 16 Form N und Abb. 17 Form NU), mit einem Stützbord zwecks Begrenzung nach einer Seite (Abb. 18 Form NJ) oder mit einem Stützbord und einer Bordscheibe zur Führung der Welle nach beiden Seiten (Abb. 19 Form NUP) hergestellt.

Bei den schmalen Reihen besitzen die schulter- oder bordfreien Ringe eine schwach ballige Rollbahn. Man nimmt dann zwar bewußt eine geringe, dafür aber genau bestimmte Erhöhung der spezifischen Belastung in Kauf (Abb. 20c), vermeidet aber die Gefahr unbestimmter und in vielen Fällen hoher Kantenbelastungen (Abb. 20b). Der in Abb. 20a dargestellte Zustand vollkommen gleichmäßiger Lastverteilung dürfte häufig nicht zu erwarten sein.

Die Rollbahnen der breiten Reihen sowie der mit Borden versehenen Ringe sind immer zylindrisch. Bei diesen Lagern muß daher auf eine möglichst genaue zylindrische Form und gleichachsige Lage der Sitzflächen und auf Vermeidung von Wellenbiegungen größter Wert gelegt werden. Ihre Verwendung ist im allgemeinen

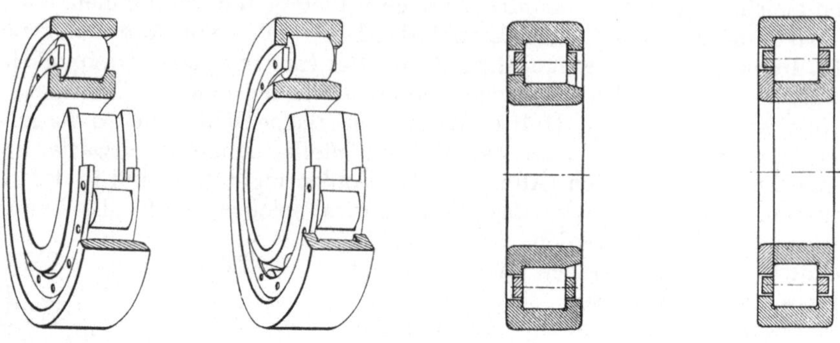

Abb. 16. Zylinderrollenlager Form „N". Abb. 17. Zylinderrollenlager Form „NU". Abb. 18. Zylinderrollenlager Form „NJ". Abb. 19. Zylinderrollenlager Form „NUP".

nur dort zulässig, wo die Lager in einem Gußstück liegen und die Sitzstellen in einer Aufspannung bearbeitet werden können. Voneinander unabhängige Gehäuse lassen sich nicht so genau ausrichten, wie es die Starrheit derartiger Lager erfordert.

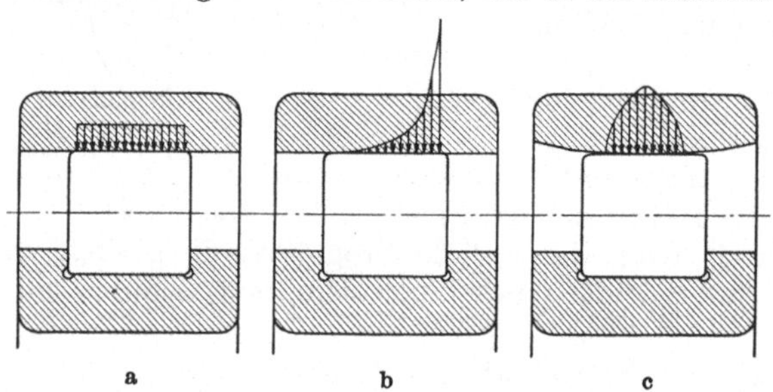

Abb. 20 a—c. Wirkung der balligen Rollbahn.

Die Ringe ohne Bord gestatten axiale Bewegungen innerhalb des Lagers selbst. Dies ist ein großer Vorteil, wenn die Betriebsverhältnisse einen festen Sitz beider Ringe bedingen. Die Zylinderrollenlager mit einem bordfreien Ring haben bei sorgfältiger Herstellung und genauer Montage eine sehr geringe Reibung. Sie sind daher für hohe Drehzahlen gut geeignet. Die mit einem Stützbord versehenen Lager gestatten auch die Aufnahme gewisser axialer Belastungen. Bei dauernden Axialdrücken ist die zulässige spezifische Belastung von der Schmierung und sorgfältigen Herstellung der Lager abhängig.

Sämtliche Zylinderlager erlauben getrennten Einbau der Außen- und Innenringe. Hierdurch wird die Montage der Lager oft wesentlich erleichtert. Für gewisse Anwendungsgebiete, z. B. Zentrifugen, Achsbuchsen und Bahnmotoren, ist gerade dieser Umstand äußerst wichtig. Der bordfreie Ring oder der Stützring einerseits und der Führungsring mit Rollen andererseits werden für diese Zwecke austauschbar hergestellt. Dies bedingt jedoch eine größere Lagerlufttoleranz als bei nicht auswechselbaren Teilen. Auf die Austauschbarkeit sollte daher immer verzichtet werden, wenn die Betriebsverhältnisse es zulassen. Für Arbeitsspindeln von Werkzeugmaschinen werden Zylinderlager mit zwei Rollenreihen hergestellt. Ebenso werden Pleuellager von Brennkraftmaschinen häufig mit zweireihigen Zylinderlagern in Sonderbauart verwendet. Bei Arbeitswalzen von Kaltwalzwerken kommen sogar Lager mit mehreren Rollenreihen vor.

1,122. Nadellager. Die Bauart dieser Lager ist ähnlich derjenigen der Zylinderrollenlager der Reihe WUL. Es werden als Rollkörper sehr dünne, lange Rollen mit abgerundeten Enden, sog. Nadeln, verwendet, welche zwischen Borden des Außenringes seitlich gehalten, aber nicht gegen Schränken gesichert werden. (Abb. 21.) Die Lager besitzen keinen Käfig. Die Außenmaße weichen von dem ISA-Maßplan ab, sind aber ähnlich denen der Maßreihe 49. Häufig werden, um Raum zu sparen, wie dies auch bisweilen beim Zylinderrollenlager geschieht, einer der Rollbahnringe oder auch beide weggelassen, und die gehärteten und geschliffenen Rollbahnen an den sich zueinander drehenden Teilen angebracht.

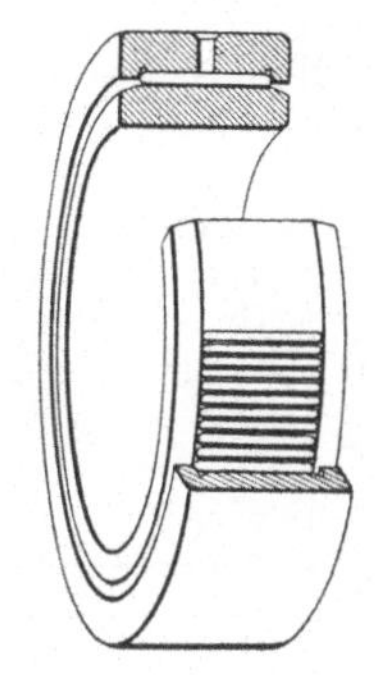

Abb. 21. Nadellager.

Die langen, dünnen Nadeln können nicht ohne erhebliche Mehrkosten mit gleicher Genauigkeit des Durchmessers hergestellt werden wie Zylinderrollen. Es kann daher nicht damit gerechnet werden, daß alle Nadeln gleichmäßig an der Lastübertragung teilnehmen. Die Nadeln neigen leicht zum Schränken, weswegen die Enden abgerundet sein müssen. Die Neigung zum Schränken verursacht höhere Reibung und erfordert gute Schmierung (meistens Öl). Sie steigert sich bei Verachsungen und vor allem bei vertikaler Welle so, daß ohne besondere Maßnahmen (Käfige oder Führungsstücke) die Verwendung besser unterbleibt. Gut lassen sich Nadellager im allgemeinen da anwenden, wo nur Schwenkbewegungen oder niedere Drehzahlen vorkommen. Die Nadellager können keine Längsführung übernehmen.

Ein großer Nachteil der Nadellager ist in dem Fehlen des Käfigs zu erblicken. Bei der Montage müssen die Nadeln daher an der mit Borden versehenen Rollbahn mit Fett festgeklebt werden. Es läßt sich aber kaum vermeiden, daß die Nadeln beim Ausbau herausfallen. Zweckmäßigerweise verwendet man daher beim Ein- und Ausbau eine Montagehülse.

Die Lager eignen sich vor allen Dingen für solche Stellen, wo nur schwingende Bewegung in Betracht kommt, wie z. B. bei Kolbenbolzen und Schwinghebeln. Wegen der geringen Bauhöhe kann die Anwendung auch auf anderen Gebieten zweckmäßig sein, z. B. bei Getrieben, wo Zylinderrollenlager nicht untergebracht werden können.

1,123. Federrollenlager — Rollenkörbe. Die Federrollenlager (Abb. 22), kommen meistens mit einer gewalzten und gehärteten äußeren Büchse zur Verwendung deren Schlitz in der unbelasteten Zone liegen soll. Die Rollen werden aus einem Band gewickelt, gehärtet und geschliffen. Die axiale Führung erfolgt durch einen Käfig, der aus zwei gehärteten und geschliffenen Seitenscheiben besteht, die durch Bolzen verbunden sind. Die Seitenscheiben müssen gleichzeitig den axialen Schub übertragen.

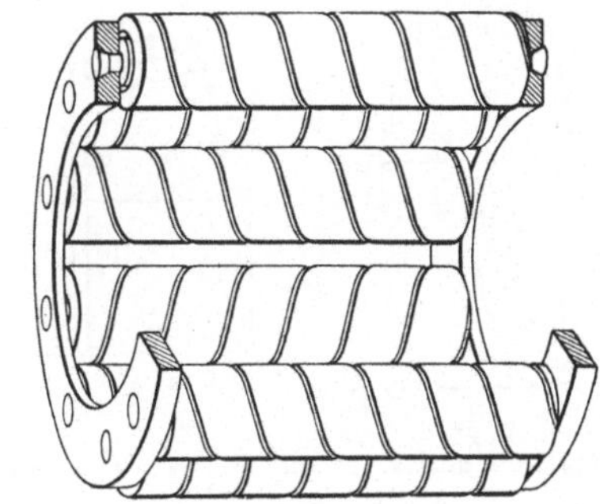

Abb. 22. Federrollenkorb.

Diese Lager vertragen keine hohe Drehzahl; sie können daher nur für untergeordnete Zwecke Verwendung finden. Auch das große radiale Spiel begrenzt ihre Verwendungsmöglichkeit. Bei Lagern ohne Innenbüchse ist die Tragfähigkeit von der Härte der Rollbahn auf der Welle abhängig. Sie wurden früher in großem Maße für den amerikanischen Automobilbau verwendet, als noch keine genügend tragfähigen Kugellager und Zylinderrollenlager zur Verfügung standen. Seit vielen Jahren hat ihre Bedeutung auch in USA nachgelassen.

Die sog. Rollenkörbe (Abb. 23) bestehen aus langen, massiven Rollen mit einem Käfig, dessen Stege oder Bolzen die Führung der Rollen übernehmen. Wegen der oft nicht ausreichenden Genauigkeit, der ungenügenden Rollenführung und der häufig nicht gehärteten Rollbahnen ist ihre Anwendung beschränkt. Sie dienen ähnlich wie Federrollenlager, zur Lagerung der Räder von Getrieben und Förderwagen.

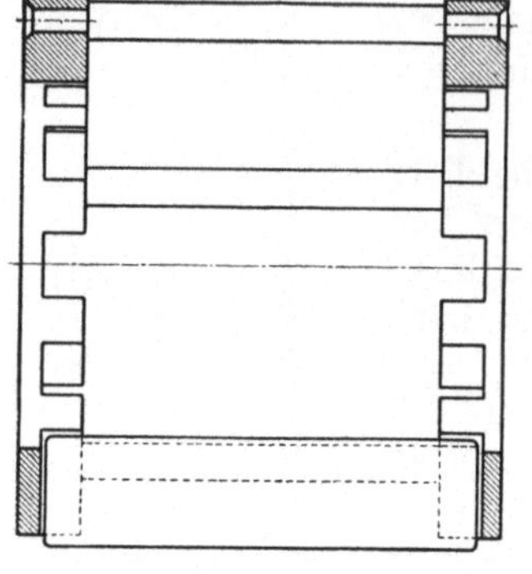

Abb. 23. Rollenkorb.

1,124. Kegelrollenlager. Das Kegelrollenlager (Abb. 24) besteht aus zwei Rollbahnringen, einem Satz stumpfkegeliger Rollen und einem Käfig, der aus starkem Stahlblech in einem Stück gepreßt ist. Die große Seitenfläche der Rollen ist bei der Ausführung (Abb. 25a) kugelig geschliffen um die Kegelspitze als Mittelpunkt. Die Rollbahn des Außenringes wird in Europa meistens schwach ballig ausgebildet (Abb. 25c), um die gefährlichen Kantenbelastungen zu vermeiden. Die bessere Schmiegung am Außenring gestattet diese Ausführung, ohne die theoretische Tragfähigkeit des Lagers zu beeinträchtigen. Praktisch wird die Lebensdauer solcher Lager wesentlich günstiger sein als bei rein kegeliger Ausführung. Die Rollbahn des Innenringes bildet den Mantel eines Kegelstumpfes mit einem Bord auf jeder Seite. Der große Bord in Abb. 25 ist an der innengelegenen Seitenfläche kugelig geschliffen ebenso die Seitenfläche der Rolle. Die Berührung zwischen Rolle und Bord erfolgt daher in einer Fläche (Abb. 25b). Die richtige Lage der Rolle zur Rollbahn ist immer gewährleistet, da sie unter der Einwirkung einer geringen Komponente aus den Normaldrücken dauernd an diesen Bord gepreßt wird (s. Abb. 27). Die einwandfreie Führung ist auch dann noch gesichert, wenn ein geringer Verschleiß eingetreten sein sollte. In solchen Fällen kann man das Lager nachstellen und unzulässige Luft zwischen Rollbahnringen und Rollen beseitigen. Der Bord an der kleineren Seitenfläche hat den Zweck, die Rollen auf dem Innenring festzuhalten, solange das Lager nicht eingebaut ist; er kommt mit den Rollen während des Betriebes nicht in Berührung.

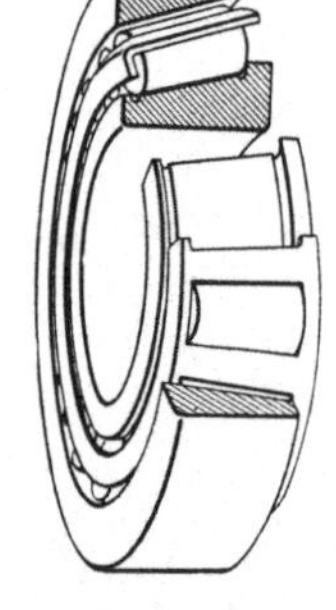

Abb. 24. Kegelrollenlager.

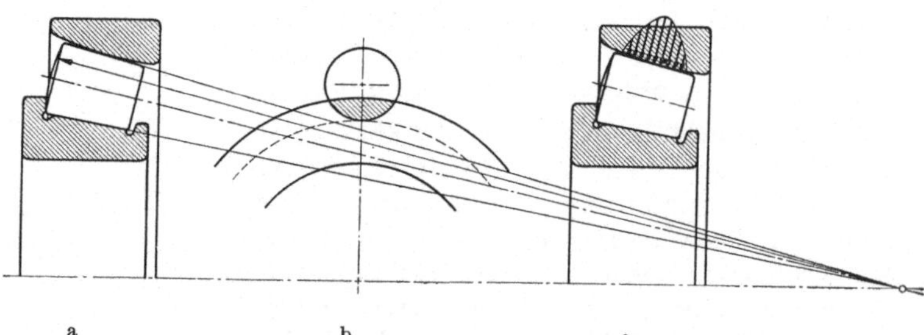

Abb. 25a—c. Kegelrollenlager mit Flächenberührung am Bord.

Die Bauart (Abb. 26a) unterscheidet sich von dieser Konstruktion durch die rein kegelige Ausbildung der Rollbahn des Außenringes und durch die Anlage der Rollen am Bord. Da die Rollenendfläche eben, die Bordfläche dagegen kegelig ist, berühren sich beide Flächen nur in zwei Punkten (Abb. 26b). Dort entsteht eine hohe spezifische Belastung, die zu schnellem Verschleiß führt. Die Linienberührung auch am Außenring (Abb. 26c) verursacht bei Verachsung eine unzulässige hohe Temperatursteigerung, da die unvermeidliche Kantenbelastung in der tragenden

Zone, vor allen Dingen bei scharfen Betriebsbedingungen, hohe Schränkkräfte hervorrufen kann.

Zur Führung der Welle sind immer zwei Lager notwendig. Bei der Einstellung der Luft der Lagerung muß daher auf den möglichen Temperaturunterschied zwischen Welle und Gehäuse Rücksicht genommen werden, um eine Verklemmung oder eine zu große Luft zu vermeiden. Es sei denn, daß die Anordnung so getroffen werden kann, daß die mit Sicherheit zu erwartende höhere Erwärmung der Welle eine Luftvergrößerung herbeiführt. In manchen Fällen wird es vorgezogen, statt der veränderlichen Einstellung Zwischenbüchsen oder Ausgleichbleche zu verwenden, um das Lagerspiel von dem Gefühl des Arbeiters unabhängig zu machen. Diese Anordnung bedingt dann aber ein sorgfältiges Zusammenpassen der Abstandshülsen oder -bleche, weil immer

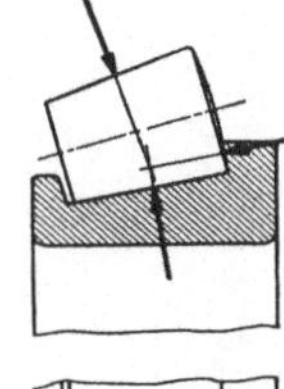

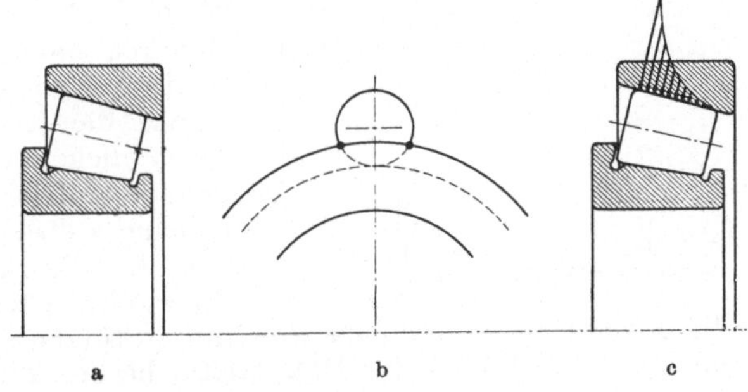

Abb. 26a—c. Kegelrollenlager mit Punktberührung am Bord.

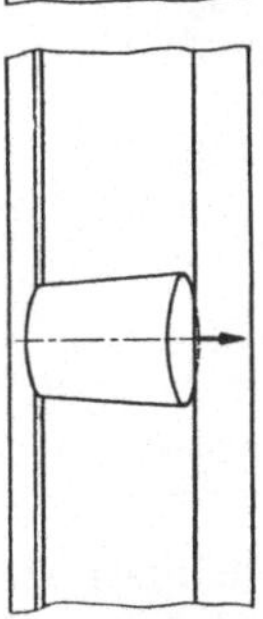

Abb. 27. Spannführung.

mit einer verhältnismäßig großen Toleranz der Gesamtbreite des Lagers gerechnet werden muß. Bei Ersatz auch nur eines Lagers müssen diese Teile nachgearbeitet oder neu zusammengepaßt werden.

Das Kegelrollenlager besitzt nicht nur eine hohe radiale, sondern auch eine große axiale Tragfähigkeit, die oft mit Vorteil ausgenutzt werden kann. Die durch die Bauart bedingte Einstellung der Luft läßt die Anwendung dann zweckmäßig erscheinen, wenn eine möglichst spielfreie Lagerung gewünscht wird, wie z. B. bei Werkzeugmaschinen und Kegelrädern mit Bogenverzahnung oder wenn gleichzeitig hohe radiale und axiale Belastungen vorkommen, wie bei Rädern von Kraftwagen und Förderwagen.

1,125. Einreihiges Tonnenlager. Bei diesem Lager (Abb. 28) werden symmetrische, tonnenförmige Rollkörper benutzt, deren Achsen parallel liegen zur Hauptachse des Lagers. Die Rollbahn des Außenringes ist kugelig mit dem Lagermittelpunkt als Zentrum. Die Bahn des Innenringes ist gewölbt. Der Halbmesser der Erzeugenden des Rollenmantels ist kleiner als der der Erzeugenden der Rollbahn des Außen- und Innenringes. Dadurch wird die Reibung verringert. Die radiale Tragfähigkeit entspricht ungefähr derjenigen der Zylinderrollenlager. Die Belastbarkeit in axialer Richtung ist äußerst gering. Die Führung der Rollen erfolgt durch Borde wie bei Zylinderrollenlagern. Wegen der Schwenkbarkeit des Innenringes mit Rollen bei gleichzeitiger Drehung desselben ist das Lager, ähnlich wie das Pendelkugellager, für solche Lagerstellen geeignet, wo eine Einstellbarkeit erforderlich ist.

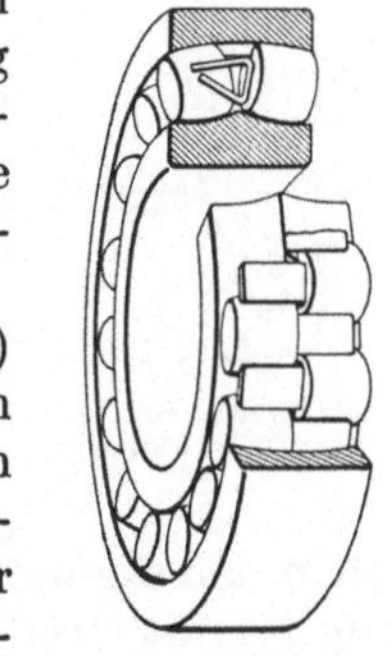

Abb. 28. Einreihiges Tonnenlager.

1,126. Schmales Pendelrollenlager. Der Außenring besitzt eine für beide Rollenreihen gemeinsame hohlkugelige Rollbahn. Die beiden Rollbahnen des Innenringes sind konkav gewölbt, entsprechend der Rollenform; sie sind jedoch nicht durch Borde begrenzt (Abb. 29). Die Führung der Rollen geschieht vielmehr an den Seitenflächen eines Ringes, der lose in dem Außenring liegt.

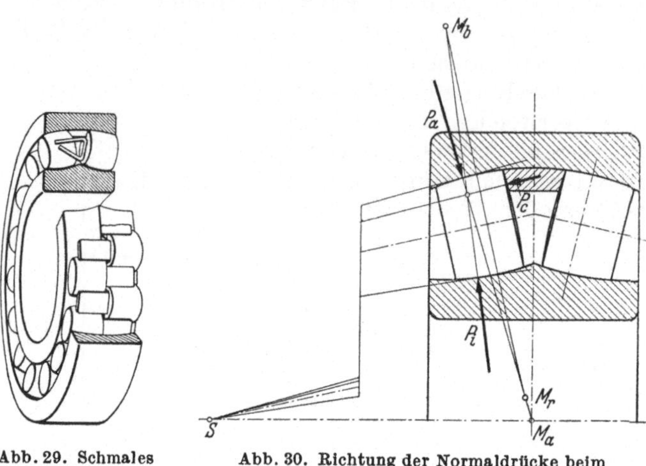

Abb. 29. Schmales Pendelrollenlager.

Abb. 30. Richtung der Normaldrücke beim schmalen Pendelrollenlager.

Die Verhältnisse in diesem Lager sind ähnlich wie bei der breiten Ausführung, die im nächsten Abschnitt beschrieben ist, insofern als die Normalkräfte am Innenring und Außenring unter einem gewissen Winkel angreifen. Dadurch entsteht eine geringe Komponente, welche die Rollen mit ihrem dicken Ende an die Seitenflächen des Leitringes drückt (Abb. 30). Die Seitenflächen der Rollen, ebenso wie die des Ringes, sind kugelig geschliffen, so daß sich eine breite Stützbasis ergibt. Da die Rollen unter einem gewissen Winkel zur Hauptachse liegen, kann diese Lagerart höhere Axialkräfte aufnehmen als das einreihige Tonnenlager. Wegen der hohen radialen Tragfähigkeit und der gleichzeitig zulässigen axialen Beanspruchung ist dieses Lager für solche Stellen geeignet, wo ein Pendelkugellager nicht ausreicht, aber auch kein Platz für die breite Ausführung vorhanden ist.

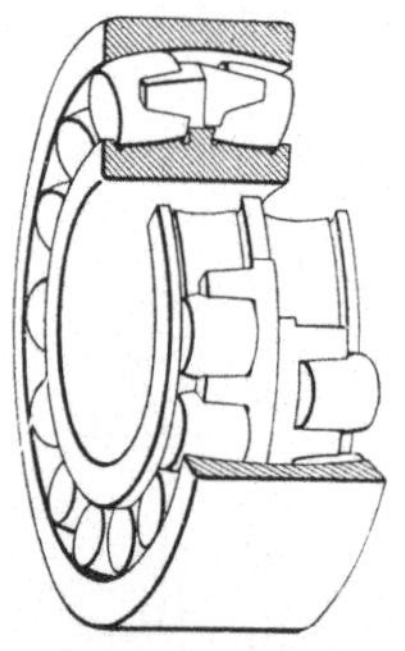

Abb. 31. Breites Pendelrollenlager.

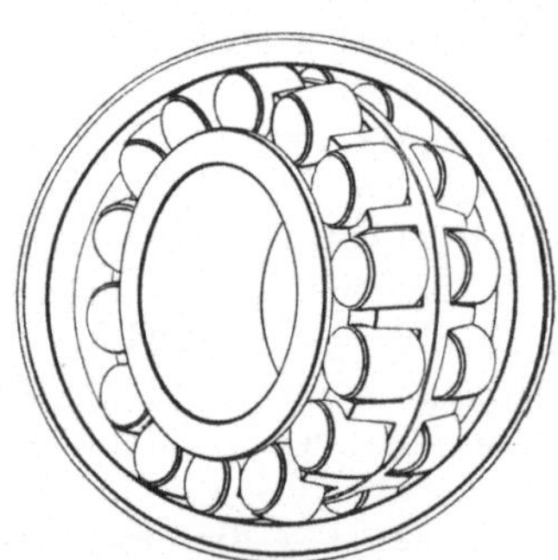

Abb. 32. Pendelrollenlager, Innenring ausgeschwenkt.

1,127. Breites Pendelrollenlager. Das breite Pendelrollenlager besitzt zwei Reihen Rollkörper, die auf einer gemeinsamen, kugeligen Bahn des Außenringes abrollen und dadurch ein leichtes Schwenken ermöglichen (Abb. 31 u. 32). Der Innenring ist mit zwei konkaven, zur Hauptachse geneigten Rollbahnen versehen, zwischen denen ein zur Führung beider Rollenreihen dienender Bord (Führungsbord) angeordnet ist. Die äußeren Borde haben die Aufgabe, die Rollen beim Zusammensetzen und beim Einbau des Lagers zu halten (Halteborde). Unter Last werden die Rollen gegen den mittleren Bord des Innenringes gepreßt; eine Berührung mit den Außenborden findet nicht statt. In jedem der beiden Halteborde ist eine Ausfräsung vorhanden, die dazu dient, das Einsetzen der Rollen zu ermöglichen. Die tiefste Stelle dieser Ausfräsung liegt bedeutend höher als die Rollbahn, so daß die

Rollen nur mit einem gewissen Druck bei ausgeschwenktem Außenring in die Käfigtaschen geschoben werden können.

Das Pendelrollenlager ist ein „geschlossenes" Lager. Es bedarf daher keiner besonderen Anstellung, wie die Kegelrollenlager. Ein großer Vorteil für den Betrieb und für die genauere Prüfung der Lager ist ihre Zerlegbarkeit. Alle Rollen können einzeln herausgenommen und alle Teile, Außenring, Rollen, Käfig und Innenring, einzeln geprüft werden.

Um eine möglichst große Tragfähigkeit zu erreichen und eine gute Führung der Rollen zu gewährleisten, wurde beim Pendelrollenlager zwischen Innenring und Rolle Linienberührung vorgesehen. Die Punktberührung am Außenring ist zulässig, ohne daß die Tragfähigkeit des Lagers insgesamt beeinträchtigt wird. Durch die Schwenkbarkeit des Lagers werden die beiden Rollenreihen gleichmäßig belastet. Die hohe theoretische Tragfähigkeit ist daher im Gegensatz zu starren Lagern auch praktisch vorhanden.

Ein weiterer Vorteil dieser Lagerkonstruktion besteht in der hohen axialen Belastbarkeit nach beiden Richtungen infolge der geneigten Lage der Rollen Das Pendelrollenlager wird daher in manchen Fällen nur zur Aufnahme von Drücken in Achsrichtung benutzt. Der aus der Form und Lage der Rollen entstehende Druck „P_r" (Abb. 33) an dem Führungsbord beträgt nur etwa 6% des Normaldruckes „P_a", sowohl bei reiner Radialbelastung als auch bei kombinierter Belastung oder reiner Axialbelastung. Eine Abnutzung der Anlagefläche oder eine Beschränkung der Lebensdauer kann hierdurch nicht eintreten. Das Pendelrollenlager ist infolgedessen ganz besonders für schwere und schwerste Betriebsverhältnisse geeignet, da es bei geringer Reibung eine außerordentlich hohe Tragfähigkeit in radialer und axialer Richtung besitzt. Die Betriebssicherheit ist außerdem dadurch gewährleistet, daß Verachsungen infolge Bearbeitungsungenauigkeit der Gehäuse und Einbaufehlern durch die Schwenkbarkeit ausgeglichen werden.

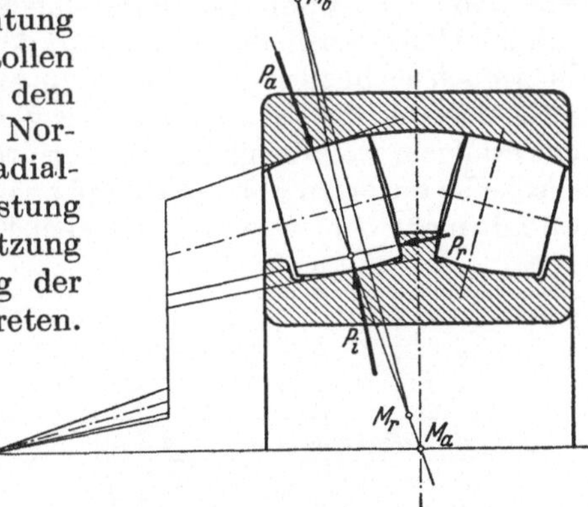

Abb. 33. Richtung der Normaldrücke beim breiten Pendelrollenlager.

Bei einzelnen Maschinen, z. B. Walzwerken und Druckzylindern ist bei hohen Axialdrücken eine möglichst spielfreie Lagerung in beiden Richtungen erwünscht. Für diese Zwecke wird das Pendelrollenlager mit zwei symmetrischen Außenringen versehen, die gegenseitig mehr oder weniger angestellt werden können, so daß nicht nur eine Lagerung ohne Luft, sondern auch eine gewisse Vorspannung erzielt werden kann. In manchen Fällen ist es zweckmäßig, zwischen den beiden Außenringen eine Scheibe anzuordnen, die dem gewünschten Spiel angepaßt wird. Dann können die Außenringe fest verspannt werden, ohne daß eine Verklemmung möglich ist.

1,13. Axialkugellager.

Die Axialkugellager werden als einseitig wirkende Lager mit zwei Rollbahnscheiben (Abb. 34) und als zweiseitig wirkende Lager mit drei Scheiben (Abb. 35) hergestellt. Sie dienen zur Aufnahme von Kräften, die in Achsrichtung wirken. Nennenswerte radiale Belastungen können von diesen Lagern nicht übertragen werden.

Um eine Einstellung der stillstehenden Scheibe (Gehäusescheibe) zu ermöglichen, wird diese mit kugeliger Auflagefläche versehen und eine dazu passende Unterlagsscheibe mitgeliefert.

Die kugelige Auflage der „Gehäusescheibe", bietet aber nur einen Vorteil wenn die Auflagefläche des Gehäuses nicht winkelrecht steht zur Drehachse der Welle (Abb. 36). Eine nicht winkelrechte Lage der „Wellenscheibe" zur Drehachse der

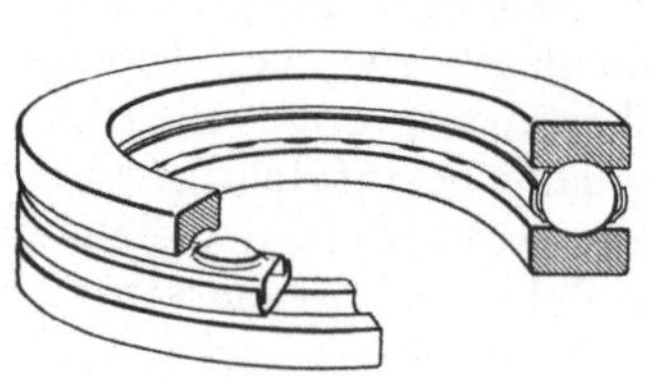

Abb. 34. Einseitig wirkendes Axialkugellager mit flachen Scheiben.

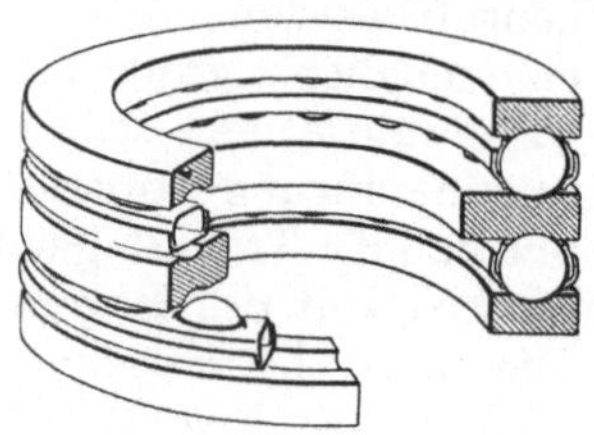

Abb. 35. Zweiseitig wirkendes Axialkugellager mit flachen Scheiben.

Welle (Abb. 37) könnte durch die kugelige Auflage nur dann ausgeglichen werden, wenn die Gehäusescheibe ständig auf der Einstellscheibe taumelt. Diese Bewegung führt jedoch leicht zu starker Abnützung oder infolge der großen Reibung bei schlechter Schmierung zur Rißbildung. In vielen Fällen wird die Einstellung überhaupt nicht erfolgen, weil die gleichzeitig erforderliche ständige radiale Bewegung der Einstellscheibe durch zu hohe Reibkräfte verhindert wird. — Bei waagerechten Wellen muß mit mehr oder wenniger starkem Durchhängen der Gehäusescheibe gerechnet

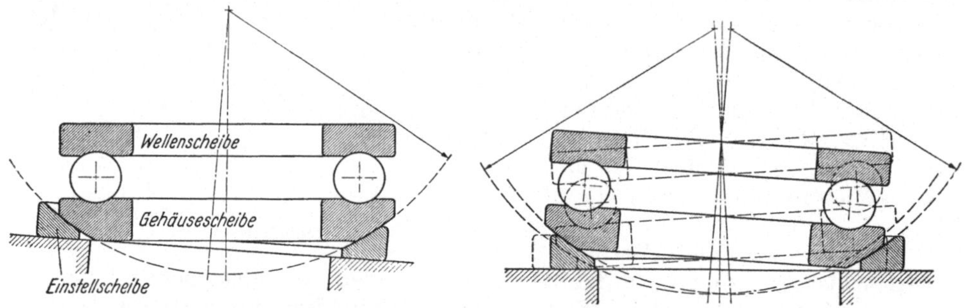

Abb. 36. Schräge Lage der Auflagefläche für die Gehäusescheibe.

Abb. 37. Taumeln der Wellenscheibe.

werden, sofern das Lager nicht dauernd unter Vorspannung steht. Unter Belastung ist mit einem Ausrichten der Gehäusescheibe trotz der kugeligen Auflage nicht zu rechnen. Die Gehäusescheibe steht dann schräg zur Wellenscheibe, so daß nur einige Kugeln an der Aufnahme der Belastung teilnehmen; dadurch tritt sowohl Überlastung als auch die Gefahr der Beschädigung der Rollbahnen ein. — Die kugelige Auflage bietet also nur einen Vorteil bei senkrechten Wellen, wenn die Gehäusescheibe nicht rechtwinklig zur Drehachse der Wellenscheibe steht.

Die zweireihigen Axiallager bestehen aus einer mit zwei Rillen versehenen Scheibe, die sich mit der Welle dreht und zwei anderen ihr gegenüberliegenden, konzentrisch angeordneten Scheiben mit je einer Rille (Abb. 38) und je einem Käfig für jede Kugelreihe. Damit unvermeidliche Bearbeitungsfehler ausgeglichen werden, liegen die stillstehenden Scheiben auf einer nachgiebigen Unterlage. Diese Ausführung ist für große Belastung und hohe Drehzahl besser geeignet als ein einreihiges Lager, weil kleinere Kugeln verwendet werden können.

1,14. Axialrollenlager.

Die Rollbahn der feststehenden Scheibe des Axialkegelrollenlagers (Abb. 39) ist eben, die Rollbahn der mit der Welle umlaufenden Scheibe dagegen kegelig. Diese Scheibe besitzt einen Bord mit kugeliger Anlagefläche zur Führung der Rollen, deren Seitenfläche ebenfalls kugelig geformt ist. Die ebene Ausbildung der einen Rollbahn ermöglicht eine radiale Versetzung dieser Scheibe gegenüber der anderen was z. B. in Verbindung mit einem Gleitlager wichtig ist.

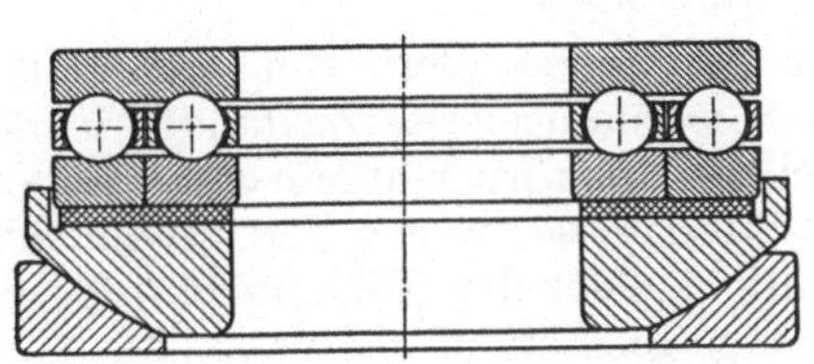

Abb. 38. Zweireihiges Axialkugellager.

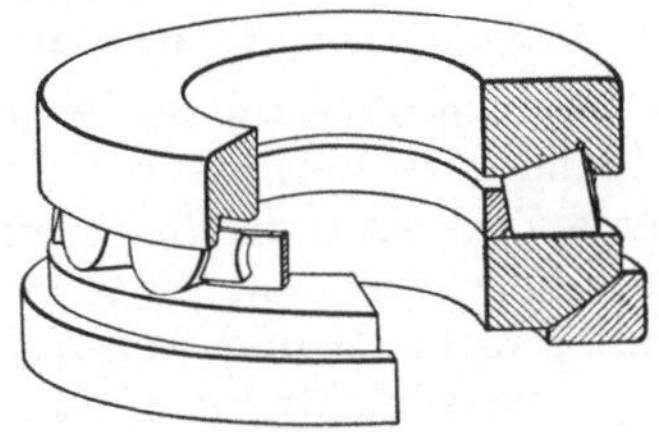

Abb. 39. Axialkegelrollenlager mit einer ebenen Rollbahn.

Die in Abb. 38 u. 39 dargestellten Lagerarten haben an Bedeutung verloren seit Axialpendelrollenlager hergestellt werden.

Diese Lagerart, welche in Abb. 40 dargestellt ist, hat eine Gehäusescheibe mit kugeliger Rollbahn. Die gewölbten Rollen mit kegeliger Grundform schmiegen sich eng an die beiden Rollbahnen an und werden an einem besonders breiten Bord der Wellenscheiben geführt, wobei die anliegende größere Seitenfläche einen etwas kleineren Wölbungshalbmesser besitzt als der Führungsbord. Dadurch kann sich

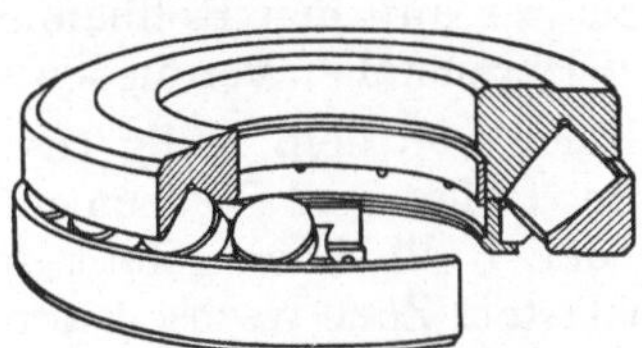

Abb. 40. Axialpendelrollenlager.

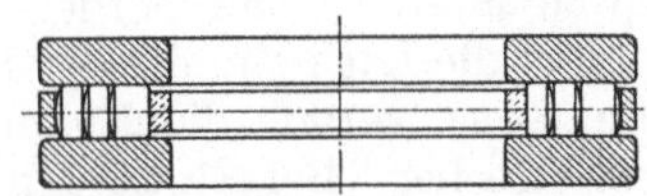

Abb. 41. Axialzylinderrollenlager.

im Betrieb ein gut tragender Ölfilm ausbilden, und das Lager kann infolgedessen auch bei hohen Axialbelastungen mit ziemlich hohen Drehzahlen laufen. Käfig mit Rollensatz sind mit der Wellenscheibe durch eine aufgepreßte Hülse zusammengehalten. Die Lager müssen für gewöhnlich mit Öl geschmiert werden, nur bei sehr geringen Drehzahlen kann Wälzlagerfett verwendet werden. Ein Vorteil gegenüber allen vorher genannten Längslagerarten ist, daß die Lager auch verhältnismäßig große Querkräfte aufzunehmen vermögen und auch während des Betriebes eine vollkommene Einstellbarkeit aufweisen.

Die beiden Scheiben des Axialzylinderrollenlagers (Abb. 41) haben ebene Rollbahnen, zwischen denen mehrere Reihen zylindrischer Rollen angeordnet sind, die durch den Käfig geführt werden. Trotzdem kein reines Abwälzen möglich ist, sind die Lager bis zu einer gewissen Drehzahl verwendbar.

1,15. Halter für Rollkörper.

Ein Halter für Kugeln oder Rollen soll folgende Aufgaben einzeln oder gleichzeitig erfüllen:

a) die Rollkörper auf einer Rollbahn festhalten,
b) die Berührung der Rollkörper untereinander verhindern,

c) die Rollkörper in dem Halter festhalten,

d) die Führung der Rollen übernehmen, wenn keine anderen Mittel vorhanden sind,

e) das Geräusch dämpfen.

Der primitive Zweck eines Halters besteht darin, die Rollkörper auf der Rollbahn festzuhalten, um den Einbau des Lagers zu ermöglichen oder zu erleichtern. Derartige Anordnungen wurden früher häufig vorgeschlagen, wie aus der Patentliteratur hervorgeht. Heute kommt diese Konstruktion nur noch bei Nadellagern vor, bei denen kein Käfig untergebracht werden kann.

Die wichtigste Aufgabe besteht aber darin, eine Berührung der Rollkörper untereinander zu verhindern. Infolge des spannungslosen Zustandes in der unbelasteten Zone eines Radiallagers würden die Rollkörper aufeinander stoßen und so in die belastete Zone eintreten. Dort werden sie, wegen der unvermeidlichen Größenunterschiede und wegen der Rundheitsfehler der Rollbahnen mit einer gewissen, unter Umständen großen Belastung aneinander gedrückt. Sie berühren sich dabei mit hoher relativer Gleitgeschwindigkeit, da der Rollkörper an der Berührungsstelle sich in entgegengesetzter Richtung, also mit der doppelten Umfangsgeschwindigkeit, bewegt.

Bei allen modernen Rollenlagern, mit Ausnahme einiger Lagerarten mit ganz dünnen Rollen werden daher in den meisten Fällen Abstandshalter benutzt, um eine Berührung der Rollkörper zu verhindern.

Ein Vertauschen der Rollkörper verschiedener Lager ist im allgemeinen nicht zulässig, da ihre Größe voneinander abweichen kann. Nur die Rollkörper eines Lagers sind unter sich fast genau gleich groß. Aus diesem Grunde ist man bestrebt, die Rollkörper von dem Abstandshalter auf den Rollbahnen oder von einem Käfig allein so zu umschließen, daß ein Herausfallen vermieden wird.

In der unbelasteten Zone werden die Rollen von dem Käfig geschoben. Sie nehmen also dort die Lage ein, die der Form der Rollen und Taschen entspricht. In der belasteten Zone werden die Rollen von den Rollbahnen gefaßt und schieben den Käfig vor sich her. Bei Eintritt in die belastete Zone wechselt also die Anlage der Rollen von dem einen Steg zum anderen. Bei Zylinderrollenlagern kann der Käfig zur Führung der Rollen beitragen, wenn die Taschen möglichst genau zylindrisch sind und parallel zur Hauptachse liegen. Die ausschließliche Führung der Rollen durch den Käfig kann aber nur in ungenügender Weise erreicht werden, zumal sie in dem Halter, allein schon mit Rücksicht auf die Bearbeitungstoleranz, eine gewisse Luft benötigen, um Klemmungen zu vermeiden. Je nach der Erfüllung der einzelnen Aufgaben muß man unterscheiden:

Einfache Ringe oder Scheiben, die die Rollkörper auf der Rollbahn festhalten,

Abstandshalter, *lose Zwischenstücke*, *Kugeln oder Rollen*, die eine Berührung der tragenden Rollkörper verhindern, sie also in Abstand halten,

Verteiler, aus einem Stück, die die Rollkörper nicht auf der Rollbahn festhalten, sondern nur in Abstand halten oder verteilen,

Käfige oder Körbe, welche die Rollkörper selbst oder in Verbindung mit einem Rollbahnring in ihrer Bewegung begrenzen und ihre Berührung verhindern.

Die Bauart der Käfige ist verschieden und abhängig von der Lagerart. Nach dem Herstellungsverfahren kann man unterscheiden zwischen:

Käfigen, die aus *einem* Blechstück gestanzt und gepreßt sind,

Käfigen, die aus *mehreren* aus Blech gestanzten und gepreßten, zum Schluß in irgendeiner Weise verbundenen Teilen bestehen,

Käfigen, die aus Bolzen und Seitenscheiben bestehen,

Käfigen, die aus *mehreren* aus dem Vollen durch Drehen, Bohren oder Fräsen hergestellten Teilen bestehen, die aber zum Schluß miteinander in irgendeiner Weise verbunden werden und

Käfigen, die aus *einem* vollen oder vorgepreßten Stück gedreht, gebohrt oder gefräst werden.

Allmählich haben sich für die meisten Lagerarten Standardbauarten herausgebildet, die durch jahrelange praktische Erfahrungen den Nachweis ihrer Betriebssicherheit und Dauerhaftigkeit, auch für stark schwankende Betriebsverhältnisse, erbracht haben. Es erübrigt sich daher, hier näher auf die Forderungen einzugehen, die von den Käfigen unter normalen Bedingungen erfüllt werden müssen. Wichtiger ist es, die Grenze der Verwendungsfähigkeit kennenzulernen.

Kugellager, Kegelrollenlager und Zylinderrollenlager, die in großen Serien hergestellt werden können, erhalten gewöhnlich aus Blech gestanzte und gepreßte Käfige, die jedoch bei allen Lagerarten verschieden ausgebildet sind. Von einer gewissen Größe ab werden auch die normalen Lager mit Käfigen versehen, die aus einem vollen oder gepreßten Stück durch Bohren oder Fräsen hergestellt sind.

Tabelle 1.

Käfigart	Käfigführung	Käfigwerkstoff	Lagerart	Produkt $d_m \cdot n$ $d_m = 0{,}5 \cdot (d + D)$ in mm
Blechkäfig	auf Rollkörpern	Tiefziehbandstahl, Messingblech	Axialkugellager	200 000—300 000
			Kegellager Pendelrollenlager	350 000—400 000
			Schräglager	400 000—500 000
			Pendellager Rillenlager Zylinderlager	500 000—600 000
Massivkäfig		SM-Stahl Messing	Pendellager Rillenlager Zylinderlager	600 000—700 000
	auf Schultern oder Borden	Messing	Rillenlager Zylinderlager	700 000—900 000
		Leichtmetall	Rillenlager	1 200 000
		Faserstoff	Rillenlager	2 000 000

Die heute auf dem Markt befindlichen, gestanzten Käfige lassen sich ohne Bedenken für die weitaus meisten Betriebsverhältnisse verwenden. Entscheidend für die Anordnung eines gebohrten Käfigs ist in erster Linie die Drehzahl oder Beschleunigung. Dabei ist aber zu berücksichtigen, daß das Verhalten der Blechkäfige bei hohen Drehzahlen verschieden ist, je nach ihrer Bauart. Eine sehr große Rolle spielt auch die Schmierung.

Die im allgemeinen bessere Bewährung der sog. massiven Käfige hängt in erster Linie mit ihrem genaueren Rundlauf zusammen, da sie allseitig bearbeitet sind. Sehr günstig verhalten sich bei hoher Drehzahl Käfige aus einer Aluminiumlegierung oder aus Spezialbronze. Der gebohrte Käfig aus Preßmessing, Bronze oder Eisen ist auch dort angebracht, wo während des Betriebes dauernd mit einer Änderung der Druckrichtung oder mit Stößen und starken Erschütterungen zu rechnen ist, also z. B. bei Pleuellagern, Stelzenköpfen von Sägegattern, Schwingsieben und

Hartzerkleinerungsmaschinen. Aber selbst für Achsbüchsen von Schienenfahrzeugen lassen sich noch gestanzte Blechkäfige verwenden, obwohl während der Fahrt dauernd starke radiale und axiale Stöße zur Wirkung kommen.

Käfige aus Kunstharz haben zwar den Vorteil guter Gleiteigenschaften und eines sehr geringen Gewichtes, aber die Festigkeit fertig gepreßter Käfige ist viel zu gering. Man verwendet jedoch mit Erfolg aus Faserstoffgewebe und mit Kunstharz zu Rohren gewickelte Rohlinge, welche durch Drehen, Fräsen bzw. Bohren wie Massivkäfige aus Metall zu Käfigen verarbeitet werden. Solche Käfige sind verhältnismäßig teuer. Wenn die Temperatur des Lagers 80° C nicht übersteigt, können mit solchen Käfigen sehr hohe Drehzahlen erreicht werden.

Die Drehzahlen, welche bei verschiedenen Käfigausführungen, Lagerarten und -größen bei zweckentsprechender Schmierung erreicht werden können, gehen aus nachstehender Tabelle 1. hervor.

1,2. Baumaße — Lagerluft — Lagerspiel.

Die Maße der Wälzlager für die Hauptabmessungen (Bohrung, Mantel, Breite und Kantenabstand) liegen heute durch internationale Normung fest (s.Tafel auf S. 98). Man unterscheidet zwischen verschiedenen Durchmessergruppen (0, 1, 2, 3 und 4) zu denen für besonders leichte Bauarten und vor allem für Lager mit sehr großen Durchmessern nach dem ISA-Maßplan die Gruppen 8 und 9 hinzu gekommen sind und innerhalb jeder Gruppe zwischen mehreren Reihen mit verschiedener Breite. Allerdings werden nicht alle Lagerarten in jeder Reihe serienmäßig gefertigt. Man hat sich vielmehr bemüht, eine Abgrenzung nach den besonderen Eigenschaften der einzelnen Lagerarten und ihrem Umsatz vorzunehmen. So werden z.B. die Kugellager mehr in ganz kleinen und kleinen Größen hergestellt, während für höhere Belastungen vorwiegend mittelgroße und große Rollenlager benutzt werden. Durch die jahrzehntelange Praxis hat sich gezeigt, daß die genormten Hauptmaße tatsächlich in den weitaus meisten Fällen genügen. Auch die Größe der Rundungsfläche ist durch die ISA-Empfehlungen international festgelegt worden. Dabei ist zu bedenken, daß diese Flächen im allgemeinen nur gedreht werden. Beim Schleifen der Seiten und der Bohrung bzw. des Mantels ergibt sich eine Kante, deren Abstand von der Mantel-, Bohrungs- oder Seitenfläche in ziemlich weiten Grenzen schwanken kann (Abb. 42).

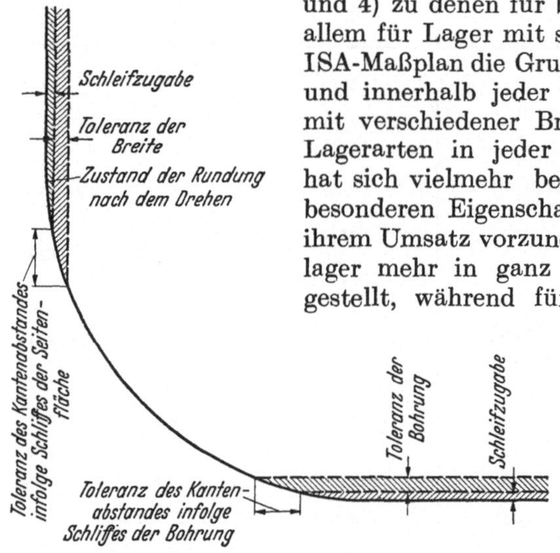

Abb. 42. Rundung der Kanten bei Rollbahnringen.

Die inneren Maße spielen für den Abnehmer nur insofern eine Rolle, als sie die radiale und axiale Bewegungsmöglichkeit des einen Rollbahnringes gegenüber dem anderen, also das Lagerspiel, beeinflussen. Diese „Bewegungsfreiheit" ist aber für den Abnehmer von allergrößter Bedeutung und soll daher im folgenden ausführlich behandelt werden.

Bisher wurden die beiden Begriffe „Lagerluft" und „Lagerspiel" als gleichbedeutend nebeneinander gebraucht. Es ist aber zweckmäßig, einen Unterschied zu machen, da der Ausdruck „Lagerluft" nicht erkennen läßt, daß die Bewegungsmöglichkeit der Welle gegenüber dem Gehäuse nicht nur von dem „freien Raum“ zwischen den Rollbahnringen, der nach Abzug der Kugeln verbleibt, beeinflußt wird, sondern auch von einer gewissen Federung, die von der Belastung abhängt.

Unter „Radialluft“ soll daher allgemein der Maßunterschied der Durchmesser desjenigen Hüllkreises und des entsprechenden Rollbahnkreises verstanden werden, welche die radiale Bewegung der Rollbahnringe bei konstruktiv richtiger Lage der Rollbahnen zueinander begrenzen.

Unter „Radialspiel“ sei dagegen die gesamte radiale Bewegungsmöglichkeit der Rollbahnringe verstanden, die sich unter Last ergibt, also Luft einschließlich Federung.

Der Begriff „Radialluft“ bezieht sich also auf eine Konstruktionsgröße, der Begriff „Radialspiel“ dagegen auf einen Betriebswert.

Die „Radialluft“ kann nur festgestellt werden durch Messen der Durchmesser der Rollbahnen und der Rollkörper, das „Radialspiel“ dagegen nur beim kompletten

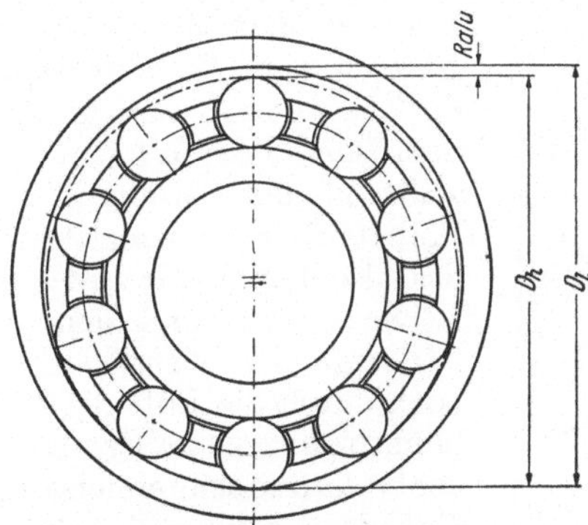

Abb. 43. Darstellung der Radialluft.

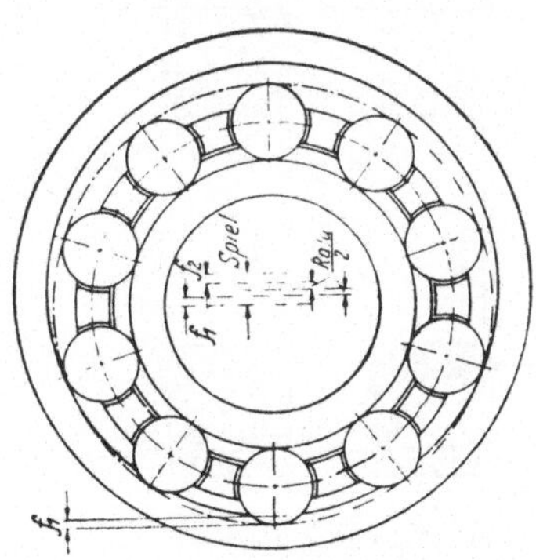

Abb. 44. Darstellung des Radialspiels.

Lager oder der Lagerung. Bei allen Rollenlagern ist die Federung gering. Bei Kugellagern ist die Federung jedoch verhältnismäßig groß. Deshalb muß bei diesen Lagerarten immer die Belastung beim Messen des Spiels angegeben werden.

Bei mehrreihigen, starren Lagern mit einteiligen Ringen wird die Luft in den verschiedenen Reihen praktisch immer verschieden sein.

Von der „Radialluft“ oder dem „Radialspiel“ kann man aber nur bei solchen Lagern sprechen, bei denen die Luft von der Größe der Toleranz der Lagerteile, also von der Fabrikation abhängt. Dies ist der Fall bei:

Rillenkugellagern, Pendelkugellagern, Schulterkugellagern, zweireihigen Schrägkugellagern mit einteiligen Ringen, Zylinderrollenlagern und Tonnenlagern, sowie Pendelrollenlagern mit einteiligen Ringen.

Bei einreihigen Schrägkugellagern und zweireihigen Schrägkugellagern mit zwei Außen- oder zwei Innenringen, bei Kegelrollenlagern sowie Pendelrollenlagern mit zwei Außenringen wird das Spiel durch die axiale Verschiebung der Rollbahnringe bei der Montage eingestellt.

Die Lagerarten der ersten Gruppe sollen als „geschlossene Lager“, diejenigen der zweiten Gruppe als „offene Lager“ bezeichnet werden.

Man muß unterscheiden zwischen der Bewegungsmöglichkeit eines Rollbahnringes gegenüber dem anderen in radialer Richtung (Abb. 44), *in Richtung der Achse* (Abb. 45 *und um den Lagermittelpunkt, dem Schwenken oder Pendeln* (Abb. 46).

Bei Lagern mit hohlkugeliger oder balliger Rollbahn oder kugeliger Mantelfläche der Ringe oder Scheiben spricht man von „einstellbaren“ Lagern oder Pendellagern, bei anderen dagegen, z.B. den Rillenkugellagern und Schrägkugellagern, von „starren“ Lagern, obwohl auch bei diesen ein Schwenken oder Kippen des einen Ringes gegenüber dem anderen, wenn auch in viel geringerem Maße als bei Pendelkugellagern möglich ist. Diese Schwenkbeweglichkeit, die als „Winkelspiel“ bezeichnet werden soll, ist in erster Linie von der Form und Lage der Rille abhängig. Es wird um so größer, je größer der Rillenhalbmesser ist gegenüber dem Kugelhalbmesser. Der größte Wert wird erreicht, wenn der Mittelpunkt des Profils der Laufrille in der Lagermitte liegt. Bei allen Lagern, deren Rillenkrümmungsmittelpunkt nicht in der Lagermitte liegt, hängt die Schwenkbeweglichkeit von der Lagerluft, von dem Rillenübermaß und von der Belastung ab.

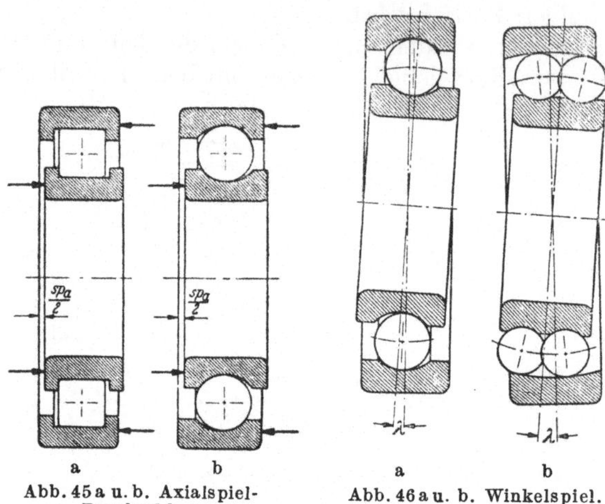

Abb. 45 a u. b. Axialspiel-Durchschlag.

Abb. 46 a u. b. Winkelspiel.

Bei der Beweglichkeit in radialer und axialer Richtung, d.h. dem radialen und axialen Spiel, muß man unterscheiden, zwischen dem Spiel vor dem Einbau, dem *Fertigungsspiel*; dem Spiel nach dem Einbau, dem *Passungsspiel*; dem Spiel während der Drehung nach Eintritt des Beharrungszustandes, also dem *Endspiel* des einzelnen Lagers und dem *Betriebsspiel der Lagerung*, das noch durch die Luft der Rollbahnringe im Gehäuse und auf der Welle und schließlich durch die Federung dieser Teile beeinflußt werden kann.

Als „Radialspiel“ eines Lagers soll bezeichnet werden:

„das Maß für die radiale Verschiebung eines Rollbahnringes gegenüber dem anderen aus einer Grenzstellung bis zur anderen unter einer bestimmten Last, wobei entsprechende Rollbahnkreise des Innenringes und Außenringes in einer Ebene liegen.“

Als „Axialspiel“ eines Lagers oder Durchschlag soll bezeichnet werden:

„das Maß für die axiale Verschiebung eines Ringes gegenüber dem anderen aus einer Grenzstellung bis zur anderen unter einer bestimmten Last bei konzentrischer Lage der geschmierten Rollbahn und rotierendem[1] Innenring.“

Als „Winkelspiel“ eines Lagers soll bezeichnet werden:

„das Maß des Ausschlages eines Punktes der Seitenfläche des Außenringes von einer Grenzstellung bis zur anderen, wenn dieser bei rotierendem[1] aber seitlich festgehaltenem Innenring unter einer gewissen radialen und axialen Last nach beiden Seiten geschwenkt wird.“

Bei der Festlegung der Radialluft muß man versuchen, sich den günstigsten Verhältnissen für den Betriebszustand der meisten Lager soweit wie möglich anzupassen, andererseits müssen Toleranzen zugrunde gelegt werden, die auch bei Massenfertigung ohne besondere Schwierigkeit eingehalten werden können. Bei der Bestimmung der Größe der Radialluft sind folgende Faktoren zu berücksichtigen:

a) die Passung der Rollbahnringe,
b) die Temperaturdifferenz der Ringe,
c) die elastische Verformung der Rollbahnen unter Belastung,

[1] Bisher wird das Axialspiel und Winkelspiel nur bei nicht umlaufendem Innenring gemessen. In diesem Fall ergeben sich geringere Werte.

d) die normale Laufgenauigkeit des eingebauten Lagers,
e) besondere Verhältnisse der Lagerbauart,
f) der Einfluß auf die Tragfähigkeit.

Die Größe der axialen Beweglichkeit des einen Ringes gegenüber dem anderen, d. h. des Axialspiels oder Durchschlags, ist bei „geschlossenen" Radiallagern abhängig

a) von der Belastung,
b) von der Radialluft,
c) von dem Druckwinkel und damit
d) von dem Verhältnis Profilhalbmesser zu Kugelhalbmesser,
e) von der Messung bei Stillstand oder Rotation.

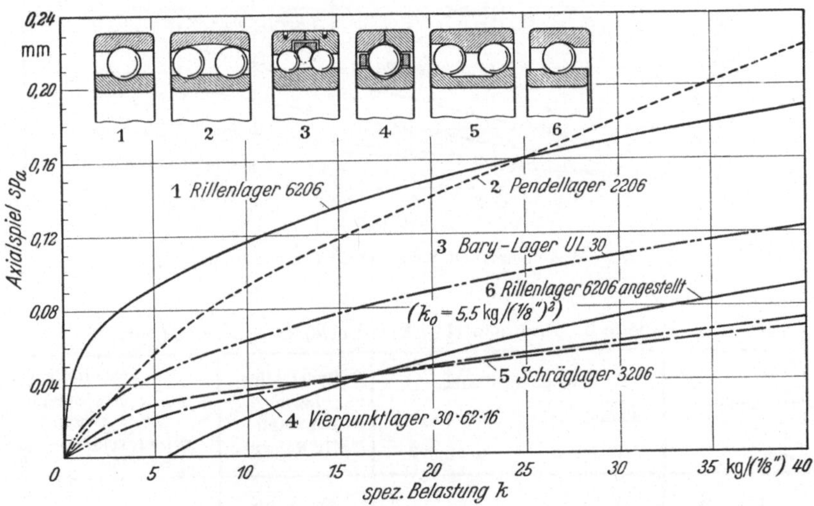

Abb. 47. Abhängigkeit des Axialspiels von der spezifischen Belastung.

Der Einfluß der Belastung geht aus der Abb. 47 hervor. Um die verschiedenen Lagerarten vergleichen zu können, ist der spezifische Kugeldruck zugrunde gelegt. Es handelt sich um Rechnungswerte, die aus den Hertzschen Formeln erhalten wurden. Man sieht daraus, daß bei Rillenlagern schon bei geringer Last eine große axiale Verschiebung der Ringe eintritt. Mit steigender Last wird die Zunahme des Axialspiels kleiner. Dies hängt mit der Form und Lage der Rillen, d.h. der Veränderung des Druckwinkels zusammen. Bei Pendellagern bleibt das Verhältnis, abgesehen vom Anfang, nahezu das gleiche; auch dies ist eine Folge der Rillenform oder der sehr geringen Änderung des Druckwinkels. Den geringsten Einfluß hat die Belastung bei Vierpunktlagern, zweireihigen Schräglagern und zwei vorgespannten Rillenlagern.

Das Verhältnis Axialluft zu Radialluft zeigen die Kurven (Abb.48). Für Rillenkugellager ergibt sich hier ein ähnlicher Zustand. Der Verhältniswert Axialluft zu Radialluft ist groß bei kleiner Luft und sinkt bei zunehmender Radialluft. Der Einfluß der Größe des Druckwinkels ist sowohl aus Abb. 47 als auch aus Abb. 48 zu erkennen. Die Federung sinkt mit steigendem Druckwinkel.

Damit sich die Verbraucher von Wälzlagern ein Bild über die Größe und Toleranz des Radialspiels machen kann, sind in der Tabelle 2 Richtwerte für die wichtigsten Lagerarten zusammengestellt.

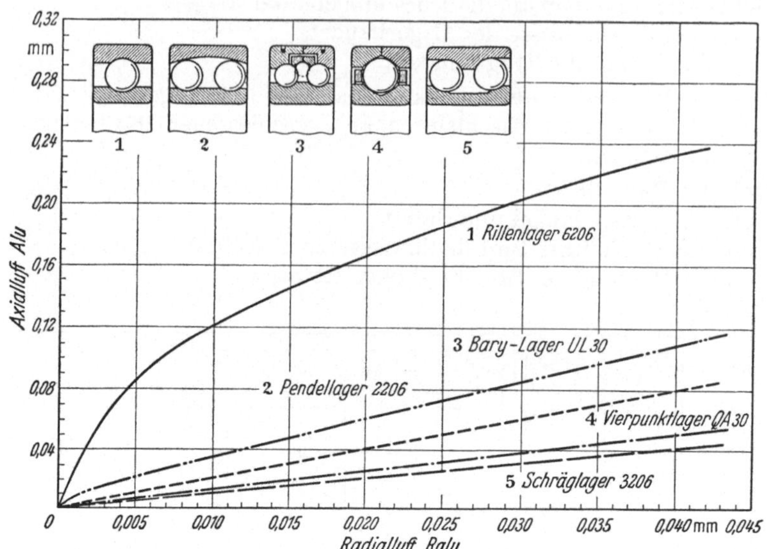

Abb. 48. Abhängigkeit der Axialluft von der Radialluft.

Tabelle 2. *Radialspiel*[1] (*Richtwerte*) *in* $\mu = 0{,}001$ *mm.*

Lagerbohrung mm	Rillenkugellager Radialspiel Gruppe 2	Rillenkugellager Radialspiel Gruppe 3	Zylinderrollenlager[2] Radialspiel alle Reihen	Pendelrollenlager Radialspiel Gruppen zylindrische Bohrung	Pendelrollenlager Radialspiel Gruppen kegelige Bohrung
bis 20	4—18	—	20— 30		
über 20 bis 30	4—18	4—18	25— 35		
,, 30 ,, 40	4—18	4—22	25— 40	25— 40	35— 50
,, 40 ,, 50	4—18	7—25	30— 45	30— 45	45— 60
,, 50 ,, 65	7—25	8—30	35— 50	35— 55	55— 75
,, 65 ,, 80	7—25	8—30	40— 60	45— 70	65— 90
,, 80 ,, 100	7—30	8—35	45— 70	55— 85	80—110
,, 100 ,, 110	7—30	8—35	50— 80	65—105	100—135
,, 110 ,, 120			50— 80	80—120	120—160
,, 120 ,, 140			60— 90	80—120	130—180
,, 140 ,, 150			65—100	90—140	130—180
,, 150 ,, 160			65—100	90—140	130—180
,, 160 ,, 180			75—110	100—150	140—200
,, 180 ,, 200			80—120	110—170	160—220
,, 200 ,, 225			90—135	120—180	180—250
,, 225 ,, 250			100—150	130—200	200—270
,, 250 ,, 280			110—165	150—220	220—300
,, 280 ,, 315			120—180	170—240	240—330
,, 315 ,, 355			135—200	190—270	270—360
,, 355 ,, 400			150—225	210—300	300—400

Für die Lager über dem Strich beträgt die Belastung beim Messen ± 5 kg. Für die Lager unter dem Strich ± 15 kg.

[1] Die in den verschiedenen Spalten angegebenen Werte für das Radialspiel gelten nur für normale Betriebsverhältnisse. In Sonderfällen kann ein kleineres oder größeres Spiel erforderlich sein. Die Wälzlagerfirmen besitzen hierfür interne Normen, die Berücksichtigung finden müssen.

[2] Die für Zylinderrollenlager angegebenen Werte gelten nur, wenn die Teile, Innenring mit Rollen und Außenring, oder Außenring mit Rollen und Innenring, nicht vertauscht werden. Bei beliebigem Austausch ergeben sich wesentlich größere Toleranzbeträge.

1,3. Reibung.

Die Gesamtreibung eines Wälzlagers setzt sich aus mehreren verschiedenartigen Reibungsvorgängen zusammen.

1. Aus der sog. Rollreibung als Folge elastischer Verformung.
2. Aus der Gleitreibung infolge Beschleunigungskräften.
3. Aus der Gleitreibung infolge Herstellungsungenauigkeiten.
4. Aus der Gleitreibung der Rollkörper am Käfig.
5. Aus der Gleitreibung der Rollkörper an den Borden.
6. Aus der Gleitreibung durch die Verdrängung des Schmiermittels.
7. Aus der Gleitreibung der Dichtungsteile.

Auf die Rollreibung oder den Rollwiderstand wirken folgende Umstände ein:

a) die elastischen Eigenschaften des Werkstoffes,
b) die Beschaffenheit der Oberflächen,
c) die Größe des Normaldruckes,
d) Größe und Richtung des Tangentialdruckes,
e) die Rollgeschwindigkeit,
f) die Gestalt und gegenseitige Lage der Oberflächen.

Die hier aufgeführten einzelnen Widerstände, die zwischen den sich aufeinander abwälzenden Körpern auftreten, können in ihrer Gesamtheit als Rollwiderstand bezeichnet werden. Das mit der Rollbewegung verbundene vollkommene Gleiten, d.h. das gleichzeitige Gleiten sämtlicher Punkte der Druckfläche in einer gewissen Richtung, ist nicht als Teil des eigentlichen Rollwiderstandes anzusehen. Von den als Rollreibung aufgeführten Einzelwiderständen ist der unter Punkt *f* erwähnte für den Verbraucher am wichtigsten, weil er der einzige ist, der bei Lagern verschiedener Bauart deutlich feststellbare Unterschiede in Erscheinung treten läßt.

Zwei Körper von rein zylindrischer Form rollen mathematisch genau aufeinander ab, wenn sie vollkommen starr sind und ihre Achsen gleiche Richtung haben. Bei zwei Körpern von rein kegeliger Form müssen sich die Achsen in einem Punkt auf der Hauptachse schneiden. Ist aber die Erzeugungslinie der einen oder anderen Oberfläche nicht gerade, sondern gekrümmt, wie z.B. bei kugeligen oder tonnenförmigen Rollkörpern, dann erhält auch die tatsächliche Berührungsfläche zwischen elastischen Körpern eine nach allen Richtungen gekrümmte Form. In Abb. 49 ist die Krümmung in der Ebene dargestellt, die durch die Achse des Rollkörpers und die Lagerachse gegeben ist. Die Punkte der Berührungsfläche, die in einer Schnittebene durch die Rotationsachse C—C des Rollkörpers liegen, haben ungleichen Abstand von dieser Achse. Da die Umfangsgeschwindigkeit eines jeden Punktes des Mantels, bezogen auf seinen Drehmittelpunkt, durch das Produkt aus dem Halbmesser und der Winkelgeschwindigkeit des Körpers gegeben ist, bewegen sich die verschiedenen Punkte mit verschiedener Umfangsgeschwindigkeit. Hieraus ergibt sich, daß nur bestimmte Punkte eine reine Rollbewegung auf der Unterlage ausführen können, während sich alle übrigen Punkte mit größerer oder kleinerer Geschwindigkeit bewegen. Die Punkte mit reiner Rollbewegung bilden in der Zeichnungsebene eine oder zwei sog. Nullinien A und A_1, die parallel zur Rollrichtung verlaufen. Alle Punkte des Bezirkes I führen ein Gleiten entgegen der Rollrichtung

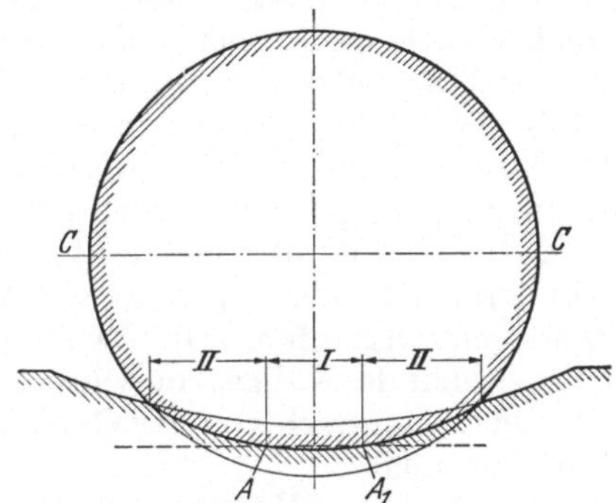

Abb. 49. Lage der Nullinien.

aus, alle Punkte der Bezirke *II* dagegen ein nach vorwärts gerichtetes Gleiten. Die Lage der Nullinie ist durch die Gleichgewichtsbedingung bestimmt, wonach die geometrische Summe sämtlicher Gleitreibungskräfte des Bezirkes *I* und der Bezirke *II* sowie der tangentialen Kräfte am Rollkörper gleich Null sein muß.

In einer Ebene der Rollrichtung macht sich der Einfluß der Elastizität des Werkstoffes im eigentlichen Rollwiderstand bemerkbar. Während im Ruhezustand die elastische Verformung beider gegeneinander gedrückter Körper sich in gleicher oder ähnlicher Weise auswirkt wie in Abb. 50, wird vor dem Rollkörper beim Abrollen am vorderen Teil der Berührungslinie ein kleiner Wulst an der Rollbahn hergeschoben, während infolge der Werkstoffhysteresis auf der Rückseite des Rollkörpers nach Abnahme der Last der Werkstoff nicht sofort seine ursprüngliche Form annimmt und der Übergang flacher verläuft als auf der Vorderseite. Beide vorher dargestellten Umstände bewirken, daß die Resultierende aller Flächendrücke nicht mehr durch die Mittelachse des Rollkörpers geht und daher ein Moment entsteht, das den Rollwiderstand verursacht.

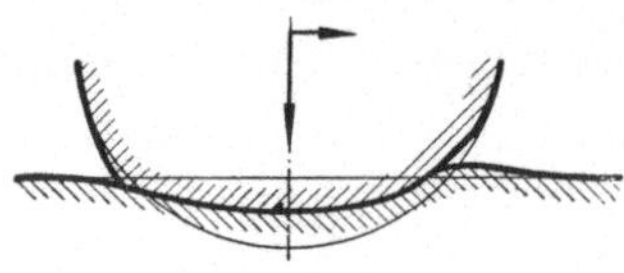

Abb. 50. Elastische Verformung zwischen Rollkörper und Rollbahn in der Ebene der Rollrichtung.

Bei fast allen modernen Rollenlagern erfolgt die Führung der Rollen durch seitliche Borde. An den Führungsflächen entsteht reine gleitende Reibung, deren Größe von der Form der Anlage, der Schmierung und Belastung abhängig ist.

Der Vorteil der dauernd unter Spannung stehenden Bordführung bei Lagern mit kegelförmigen Rollen in bezug auf die Gesamtreibung ist wesentlich größer als der Nachteil der geringen Bordreibung, zumal eine in den Rollbahnen entstehende Reibung wegen des hohen Druckes viel größer ist als die Bordreibung. Der aus der Kegelform herrührende Druck beträgt nur etwa 6% des Normaldruckes auch bei axialer Belastung. Die spezifische Belastung an dem Bord ist also bei Flächenberührung , wie sie bei diesen Lagern vorgesehen wird, verhältnismäßig gering, im Gegensatz zu Lagern mit zylindrischen Rollen, bei denen der Axialdruck in voller Höhe aufgenommen werden muß. Hier ist mit einer wesentlichen Erhöhung des Reibwertes zu rechnen.

Durch die Berührung der Rollkörper oder der Ringe mit dem Käfig, dem Schmiermittel, oder irgendwelche Verunreinigungen werden ebenfalls Reibwiderstände hervorgerufen. Die Reibung der Rollkörper am Käfig ist abhängig von dem Gewicht des Käfigs, von seiner Beschleunigung oder Verzögerung und von seiner Unwucht, aber auch von der Genauigkeit, der Form und Dicke der Rollkörper und ihrer Führung.

Bei der Behandlung der Reibung der Wälzlager dürfen die praktischen Verhältnisse nicht außer acht gelassen werden. Gerade diese können den Reibwert stark beeinflussen. Wenn z.B. das Lagergehäuse überreichlich mit Öl oder Fett gefüllt ist, erhöht sich der Reibwert der Lagerung ganz wesentlich. Die Lagertemperatur steigt evtl. so weit, daß eine Zersetzung des Fettes eintreten kann. Wegen der dann geringeren Schmierwirkung und der zunehmenden Verflüssigung steigt die Reibung und Temperatur noch mehr.

Der Unterschied der Reibung bei Fettschmierung und Ölschmierung ist so gering, daß er in den weitaus meisten Fällen, für beide Schmiermittel günstige Verhältnisse vorausgesetzt, praktisch ohne Bedeutung ist. Wenn es aber darauf ankommt, ein Minimum an Reibung gleichmäßig in allen Fällen zu erreichen, dann ist die Tropfölschmierung vorzuziehen.

Eine beträchtliche Erhöhung des Reibwertes, vor allen Dingen bei der Inbetriebsetzung, ist auch zu erwarten, wenn als Dichtung schleifende Teile, z.B. Filzringe oder Ledermanschetten benutzt werden. Sitzen die Filzringe zu stramm, dann kann eine sehr hohe Temperatur erzeugt werden und die Welle an der Dichtungsstelle stark verschleißen.

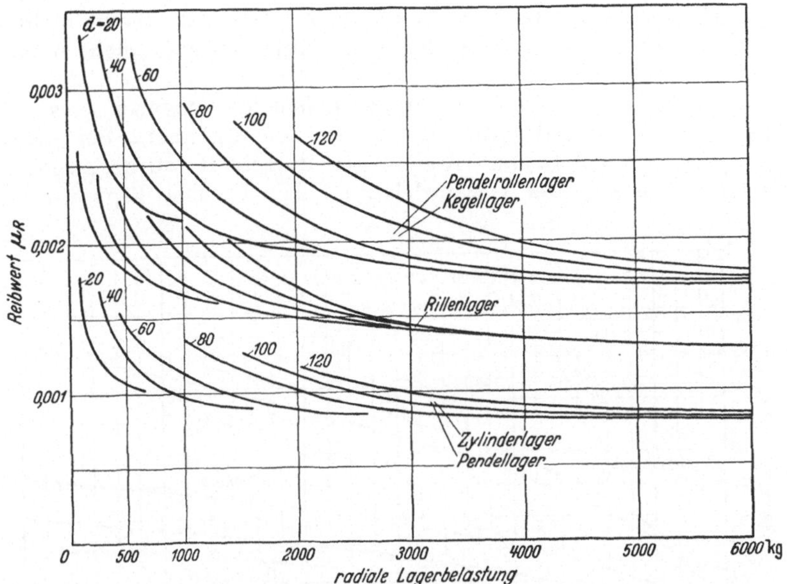

Abb. 51. Reibwerte für Wälzlager in Abhängigkeit von Belastung und Lagergröße.

Wenn man von dem Einfluß der Dichtungsteile absieht, der vollkommen vermieden werden kann, so geht aus allen Versuchen hervor, daß der Reibwert bei Wälzlagern nicht nur sehr klein ist, sondern auch fast unabhängig von der Geschwindigkeit, Belastung und Temperatur. Die Reibung beim Anfahren ist nur unbedeutend höher als diejenige im Betrieb. Abb. 51 zeigt die Reibwerte, Abb. 52 die Reibmomente und Abb. 53 die Temperatursteigerung der wichtigsten Lagerbauarten bei gleichen Betriebsverhältnissen unter günstigen Bedingungen.

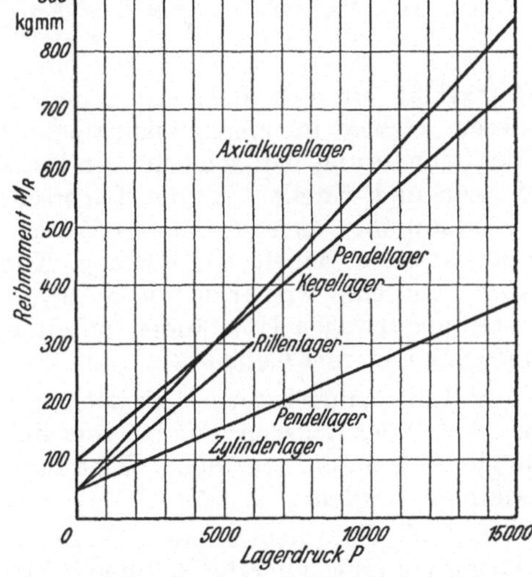

Abb. 52. Reibmomente für verschiedene Lagerarten der mittleren Reihe 100 mm Bohrung, bei günstigen Bedingungen.

Beträchtliche Reibkräfte können in einem Kugellager dadurch entstehen, daß durch Verachsung der Innen- zur Außenrollbahn die Kugeln auf verschieden großen Rollbahnen und unter Umständen an zwei gegenüberliegenden Stellen und unter starker Verklemmung laufen müssen.

Bei zylindrischen Rollkörpern und Rollbahnen tritt in diesem Fall ein starkes axiales Schieben der Rollen und die Neigung zum Schränken auf, das um so stärker in Erscheinung tritt, je länger die Rollen sind.

Voraussagen für eine bestimmte Kraftersparnis beim Einbau von Wälzlagern sind ungewöhnlich schwer, wenn nicht unmöglich, da in den meisten Fällen der Anteil der Lagerreibarbeit an der Gesamtarbeit nicht bekannt ist. Eine Schätzung oder Berechnung der Reibarbeit der Gleitlager ist unzulässig, da sie großen Schwankungen unterliegen kann. Wenn man Klarheit haben will, bleibt nichts anderes übrig, als eine Untersuchung. Das Ergebnis läßt sich aber nicht ohne weiteres übertragen.

Des Interesses halber seien hier einige Beispiele angegeben, aus denen man ersehen kann, wie verschieden die Verhältnisse liegen können. Bei einer Walzenstraße die von Gleitlagern auf Rollenlager umgebaut wurde, ergab sich eine Ersparnis von etwa 50% der Gesamtleistung. Die Ursache liegt darin, daß die

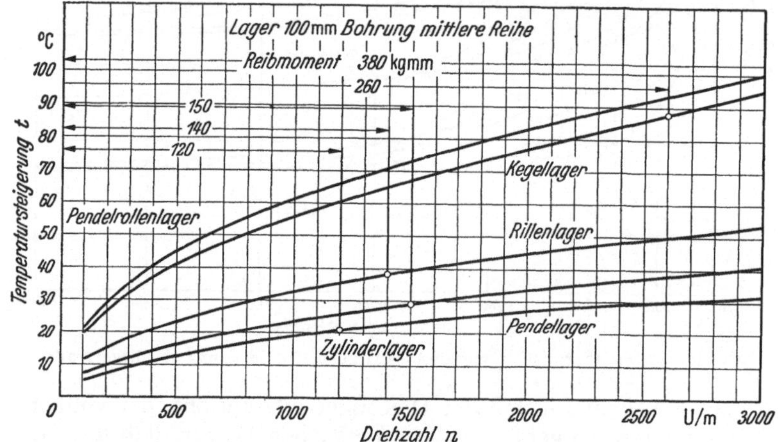

Abb. 53. Temperatursteigerung verschiedener Lagerarten in Abhängigkeit von der Drehzahl. Die Belastung ist für jede Lagerart so gewählt, daß sich eine Lebensdauer von ungefähr 4000 h ergibt.

Reibarbeit an sich hoch ist gegenüber der reinen Walzarbeit und gerade auf diesem Gebiet im allgemeinen ungünstige Verhältnisse für Gleitlager vorliegen. Die Schmierung ist schlecht und auch die Abdichtung mangelhaft, so daß Wasser und Zunder in die Lagerschalen eindringen können. Bei einer sog. Verbundmühle dagegen ist der Anteil der Gleitreibung gering, da die größte Energie zum Heben der Füllung, Kugeln und Mahlstoff, benötigt wird. Daher wurde nur eine Ersparnis von 5···8% festgestellt, obwohl auch hier die Gleitlager unter ungünstigen Umständen arbeiten. Die Vorteile der Rollenlager liegen hier auf ganz anderem Gebiet.

Soll die Kraftersparnis ermittelt werden, so ist es in erster Linie erforderlich, den Anteil der Lagerreibung bei verschiedenen Geschwindigkeiten und Belastungen möglichst genau festzustellen. Erst dann kann die mittlere Reibarbeit eines Lagers bestimmt werden.

Auf alle Einzelheiten der äußerst verwickelten und noch nicht vollkommen geklärten Vorgänge über die Reibung bei Wälzlagern einzugehen, ist im Rahmen dieses Büchleins nicht möglich.

Für den Konstrukteur ist es aber wichtig, zu wissen, mit welchen Reibwerten er unter gewöhnlichen Verhältnissen rechnen muß, wenn richtige Schmierung und sachgemäßer Einbau vorausgesetzt werden.

Für verschiedene Lagerarten können folgende Werte angegeben werden:

Pendelkugellager	$\mu = 0{,}0010$
Zylinderrollenlager	$\mu = 0{,}0011$
Axial-Kugellager	$\mu = 0{,}0013$
Rillenkugellager	$\mu = 0{,}0015$
Kegelrollenlager, Pendelrollenlager	$\mu = 0{,}0018$
Nadellager	$\mu = 0{,}0045$

Das Reibmoment eines Lagers wird:

$$M = \mu \cdot F \cdot R$$

wobei F = Gesamtbelastung des Lagers in kg
R = Wellenhalbmesser in mm

bedeuten.

1,4. Tragfähigkeit.

1,41. Dynamische Tragfähigkeit.

Die dynamische Tragfähigkeit eines Wälzlagers, d. h. die für eine gewisse Lebensdauer zulässige Belastung bei einer bestimmten Drehzahl ist abhängig

a) von den Festigkeitseigenschaften der Werkstoffe,
b) von der Schmiegung zwischen Rollkörper und Rollbahn,
c) von der Größe des Rollkörpers,
d) von der Anzahl der Rollkörper,
e) von der Druckrichtung,
f) von der Anzahl der Beanspruchungen je Umdrehung.

Der Einfluß dieser Faktoren wurde durch Versuche mit vielen Lagern verschiedener Form und Größe untersucht[1].

Der Ausfall eines Wälzlagers kann durch verschiedene Ursachen, z. B. mangelhafte Schmierung, Verschleiß, Rost, äußere Gewalt, Passungsfehler, Stromdurchgang oder durch Ermüdung des Werkstoffes an der höchstbelasteten Stelle, hervorgerufen werden. Der Begriff „Lebensdauer" soll sich aber nur auf die durch die Ermüdung des Werkstoffes hervorgerufene Begrenzung der Haltbarkeit oder Brauchbarkeit beziehen, weil die Wirkung der anderen Faktoren nicht berechnet werden kann. Eine weitere Einschränkung dieses Begriffes wird dadurch bedingt, daß die Laufzeit von Lagern gleicher Art und Größe unter gleichen Betriebsverhältnissen bis zum Eintritt der ersten Ermüdungserscheinung stark schwankt. Wenn diese „Streuung" auch im Laufe der Jahre durch Verbesserung des Werkstoffes und der Bearbeitung wesentlich herabgedrückt wurde, so beträgt sie zur Zeit doch noch etwa 1:40.

Um eine genügende Betriebssicherheit zu erreichen und eine unwirtschaftliche Bemessung der Lager zu vermeiden, wurde die „Lebensdauer" von Dr. Palmgren[2] definiert als die Anzahl Umdrehungen, die von 90% aller Lager erreicht oder überschritten wird, bevor bei ihnen die erste wahrnehmbare Ermüdungserscheinung eintritt. Da aber dieser Punkt nicht so zuverlässig bestimmt werden kann wie die mittlere Lebensdauer, wurde der Begriff „Lebensdauer" später als $^1/_5$ der mittleren Lebensdauer festgelegt.

Für unter Last umlaufende Lager gilt die allgemeine Lebensdauerformel

$$L_N = \left(\frac{C}{P}\right)^3 . \tag{1}$$

[1] Siehe „Die Wälzlager" von W. Jürgensmeyer und das darin aufgeführte Schrifttum.

[2] Die Katalogangaben der SKF. sind der Niederschlag dieser Prüfungen. Tabellen über dynamische und statische Tragfähigkeit sind am Schluß des Buches enthalten.

Dabei bedeutet:

L_V = rechnerische Lebensdauer des Lagers in Millionen Umdrehungen
C = die dynamische Tragzahl in kg
P = die ideelle äquivalente Lagerbelastung in kg, welche als gleichbleibende Dauerlast in Rechnung gesetzt wird.

Soll die Lebensdauer in Stunden errechnet werden, so gilt die Beziehung

$$L_h = f_h \left(\frac{C_n}{P}\right)^3$$

Dabei ist:

L_h = Lebensdauer in Stunden

f_h = Lebensdauerfaktor $= \sqrt{\frac{L_h}{500}}$

$C_n = f_n \cdot C$,

wobei

$$C = \frac{P \cdot f_h}{f_n} \tag{2}$$

f_n = Drehzahlfaktor für eine bestimmte Anzahl Umdrehungen in der Minute (s. untenstehende Leitertafel),

C_n = die relative Tragfähigkeit bei der in Rechnung zu setzenden minütlichen Drehzahl für eine rechnerische Lebensdauer von 500 Stunden.

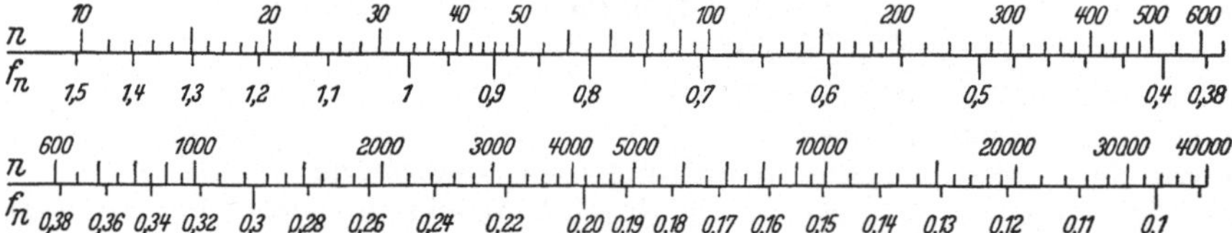

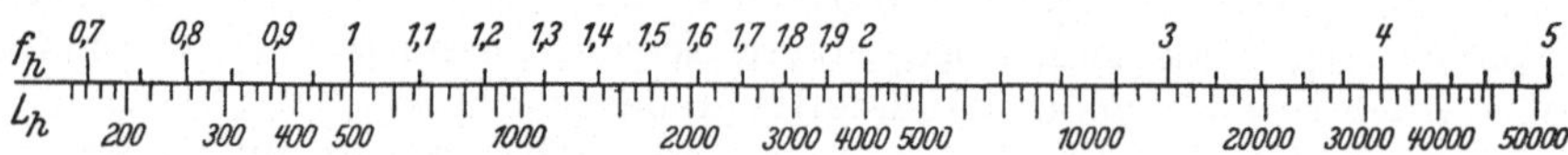

Die auf ein Radiallager wirkende Axiallast wird in eine äquivalente Radialbelastung umgerechnet, wobei der Umrechnungsfaktor y benutzt wird, der je nach Lagerart und -größe verschieden und in den am Schluß des Buches vermerkten Tragfähigkeitstabellen angegeben ist.

Die äquivalente Belastung wird nach der Formel berechnet:

$$P = x \cdot F_r + y \cdot F_a \tag{3}$$

Dabei ist: F_r = die radiale Last und F_a = die axiale Last.

Bei Umfangslast für den Innenring ist

$x = 0,5$ bei einreihigen Schrägkugellagern und Kegelrollenlagern (dabei muß $P \geq F_r$ sein)

$x = 1$ bei allen übrigen Radiallagern.

Bei Punktlast für den Innenring ist

$x = 1$ für Pendelkugellager

$x = 0,7$ bei einreihigen Schrägkugellagern und Kegelrollenlagern (dabei muß $P \geq 1,4\, F_r$ sein)

$x = 1,4$ bei allen übrigen Radiallagern.

Für Axial-Pendelrollenlager ist die äquivalente Belastung wie folgt zu ermitteln:

$P_a = F_a + 1,25 \cdot 1,19 \cdot F_r$ bei Umfangslast für die Wellenscheibe

$P_a = F_a + 1,75 \cdot 1,19 \cdot F_r$ bei Punktlast für die Wellenscheibe.

Dabei muß $F_r < \frac{F_a}{1,48}$ sein, wenn keine axiale Gegenführung vorhanden ist.

Ändert sich die Belastung innerhalb bestimmter Zeitanteile $t_1, t_2, t_3 \cdots$, so ist für die Gesamtzeit T der kubische Mittelwert für eine bestimmte Drehzahl, z. B. 33,3 U je min, errechnet:

$$F_{red\,33,3} = \sqrt[3]{\frac{n_1}{n_{33,3}} \cdot \frac{t_1}{T} F_1^3 + \frac{n_2}{n_{33,3}} \cdot \frac{t_2}{T} F_2^3 + \frac{n_3}{n_{33,3}} \cdot \frac{t_3}{T} F_3^3 + \cdots} \quad (4)$$

Ist der Kraftverlauf periodisch nach einer bestimmten Kurve, so kann man auch den kubischen Mittelwert graphisch bestimmen, indem man die Lastkurve im Zeitlastdiagramm für eine Periode einträgt, daraus eine neue Kurve mit den 3. Potenzen der Lastwerte als Ordinaten aufzeichnet und für diese Kurve den Mittelwert bestimmt, dessen dritte Wurzel dann die äquivalente konstante Last für die Arbeitsperiode ergibt.

1,42. Statische Tragfähigkeit.

Weil es häufig vorkommt, daß Wälzlager auch im Stillstand hoch belastet werden oder nur ab und zu geringe Schwenkbewegungen unter Last auszuführen haben, hat man seit einigen Jahren auch für die statische Tragfähigkeit, welche mit C_0 bezeichnet wird, Werte angegeben.

Die bei diesen Belastungsangaben auftretenden bleibenden Verformungen zwischen Rollkörper und Rollbahn betragen an einer der höchstbelasteten Berührungsstellen nicht mehr als 0,0001 des Rollkörperdurchmessers. Erfahrungsgemäß tritt dabei, wenn nicht besonders hohe Anforderungen an das Lager gestellt werden, keine nachteilige Beeinflussung der Laufruhe und Laufgenauigkeit bei gewöhnlichen Betriebsverhältnissen ein.

Ein umlaufendes Lager kann aber, ohne daß seine Funktion gestört wird, über die statische Tragfähigkeit beansprucht werden. Bei gelegentlich auftretender kurzzeitiger Belastungsspitze darf jedoch die Lagerbelastung nur den halben Betrag der statischen Tragfähigkeit erreichen, wenn die Lebensdauer dadurch nicht merklich beeinflußt werden soll. Periodische, ständig wiederkehrende Belastungsspitzen sind dagegen durch die Lebensdauerberechnung zu berücksichtigen.

Man kann aber ein Lager, das nur kurze Betriebszeiten unter geringer Drehbewegung oder Schwenkbewegungen zu arbeiten hat, weit über die statische Tragfähigkeit beanspruchen. So werden Lager in Flugzeugsteuerungen bis zum sechsfachen Betrag der statischen Tragfähigkeit belastet.

2. Gestaltung der Lagerstellen.

2,1. Bestimmung der Lagergröße.

2,11. Ermittlung der äußeren Kräfte.

Aus den für die Lagerberechnung meist gegebenen Werten der Leistung N in PS und der Drehzahl n in U/min ergibt sich das Drehmoment M_d in kg·cm nach:

$$M_d = 71\,620 \cdot \frac{N}{n} \quad (5)$$

Dieses Drehmoment wirkt in allen mechanisch beanspruchten Teilen einer Energieleitung und tritt als tangentiale Umfangskraft K_t überall da in Erscheinung, wo die mechanische Energie von einem in umlaufender Bewegung befindlichen starren Körper auf einen anderen Körper übergeleitet wird. Der die Energie aufnehmende Körper kann sowohl zur Weiterleitung als auch zur Umsetzung der Energie in nutzbare Arbeit dienen. Weiter kann die durch einen umlaufenden starren Körper geleitete mechanische Energie z. B. durch ein Zahnrad auf einen aus dem Gegenrad und seiner Welle gebildeten zweiten starren Körper, durch eine Schiffsschraube oder durch Kurbelwelle, Schubstangen und Kolben einer Pumpe auf eine Flüssigkeit, oder schließlich durch die energieleitenden Bauteile eines Verdichters bzw. durch eine Luftschraube auf einen gasförmigen Körper übergeleitet werden. Dieselbe Wirkung hat die zu übertragende mechanische Energie auf umlaufende starre Körper, wenn ihre Richtung sich umkehrt, was z. B. in Anlehnung an die genannten Anwendungsfälle bei einer Kolbenkraftmaschine, einer Turbine für Dampf, Gas oder Wasser, und bei einem Zahnradpaar lediglich bei umgekehrter Kraftrichtung der Fall ist. Immer sind die umlaufenden starren Elemente der Energieleitung zu *lagern*, d. h. gegen eine unbeabsichtigte Wirkung der äußeren Kräfte sicher zu führen und so abzustützen, daß bei ihrer Bewegung möglichst wenig Energieverluste entstehen können. Auf diese Weise wird die Leistung in Form von Kraft und Geschwindigkeit bezw. Drehmoment und Drehzahl praktisch unvermindert übertragen.

Die Größe der äußeren Kräfte ergibt sich aus der Art des jeweils vorliegenden Vorgangs der Energieumsetzung oder Energieleitung, z. B. aus Kolbendruck und Kolbenfläche, Förderhöhe und Fördermenge oder allgemein aus den jeweils auftretenden Widerständen und der Geschwindigkeit der Bewegung. Im folgenden soll ihre Ermittlung an dem Beispiel der Energieleitung über verschiedengestaltete Zahnradpaare näher erläutert werden.

Zahnräder. Wird eine Kraft von einem festen Körper auf einen anderen übertragen, so muß sie bezüglich ihrer Richtung und Größe beide Körper beeinflussen, da eine Kraft ohne Widerstand nicht wirksam werden kann. Dasselbe gilt natürlich auch für alle Komponenten dieser Kraft, die sich ergeben, wenn ihre Wirkung in bestimmten Richtungen untersucht werden soll. In Beziehung auf die beiden Körper sind also an der Kraftübertragungsstelle stets in jeder Wirkungslinie zwei gleichgroße und entgegengesetzt gerichtete Kräfte festzustellen. Wird dieses Gesetz des Gleichgewichtes der Kräfte auf kämmende Zahnräder angewendet, so ist es notwendig, eine eindeutige Festlegung des Richtungssinnes der Zahnkräfte vorzunehmen.

In den folgenden Betrachtungen sind stets die Kräfte dargestellt, die von den jeweiligen Zahnrädern ausgeübt werden. Damit gehören zu dem treibenden Rad eines Paares jeweils die aktiven bzw. treibenden Kräfte, die bei der üblichen Darstellung der Kräfte als Vektoren dadurch gekennzeichnet sind, daß ihr Richtungspfeil zu der gemeinsamen Bewegungsrichtung beider Verzahnungen gleichsinnig gerichtet ist. Dem getriebenen Rad dagegen sind stets die reaktiven bzw. widerstehenden Kräfte zugeordnet, deren Pfeil der gemeinsamen Bewegung und damit auch dem Drehsinn des betreffenden Rades entgegen zeigt. Durch diese Festlegung ergibt sich die einfachste Darstellung von Zahnrad und zugehörigen Kräften, ohne Überschneidung von Körper- und Kraftdarstellung. Ferner entfällt die Notwendigkeit einer gleichzeitigen Darstellung der Gegenräder und Gegenkräfte. Besonders wichtig ist die Festlegung für Vorgelege mit einem getriebenen und einem treibenden Rad. Zur Vereinfachung ist deshalb in den folgenden Bildern immer nur ein Rad mit seinen nach obiger Richtungsfestlegung zugeordneten Kräften dargestellt, für das Gegenrad gelten bei Beachtung des Richtungswechsels in bezug auf die Bewegungsrichtung genau dieselben Kräfte. Weiter ist zu beachten, daß die Reaktionen der Zahnkräfte, welche die Lagerung belasten, stets den äußeren Kräften entgegengerichtet sind.

Die Übertragung einer Leistung von dem treibenden auf das getriebene Rad eines Zahnpaares hat die Lagerung beider Wellen zur Voraussetzung und ist eine in jedem Gebiet des Maschinenbaues häufig vorkommende Form der Energieleitung zwischen starren Körpern. Betrachtet man den Berührungspunkt der Teilkreise beider Räder eines Paares als den Angriffspunkt der Umfangskraft K_t der beiden Räder (Abb. 54), so ergibt sich diese aus dem Drehmoment eines Rades nach Gl. (5) und seinem Teilkreishalbmesser

$$K_t = \frac{M_d}{r_t} = 2\,\frac{M_d}{d_t}\,. \tag{6}$$

Diese Umfangskraft K_t ist jedoch lediglich eine theoretische Kraft, die zur Erzeugung des Drehmoments mindestens notwendig ist. Sie darf nur in ganz roher Annäherung für die Bestimmung von Lagerdrücken zugrunde gelegt werden und nur mit Zuschlägen, deren Größenbestimmung sicher genug ist, um alle zusätzlichen Kräfte in ihrer Wirkung auf die Lager mit zu erfassen. Für eine genaue Berechnung ist es notwendig, die Resultierende sämtlicher Kräfte im Zahneingriff zu ermitteln. Sie ist bei jeder Verzahnung durch die Normalkraft K_n bestimmt, welche auf den Zahnflanken senkrecht steht und bei der heute fast ausschließlich verwendeten Evolventenverzahnung mit der tangentialen Umfangskraft K_t einen konstanten Winkel α einschließt (Abb. 55). Dieser Winkel α ist der Zahnflankenwinkel, der die Neigung der Tangente an die Zahnflanke im Teilkreis gegen den Radius im gleichen Teilkreispunkt angibt.

Die Normalkraft im Eingriff

$$K_n = \frac{K_t}{\cos\alpha} \tag{7}$$

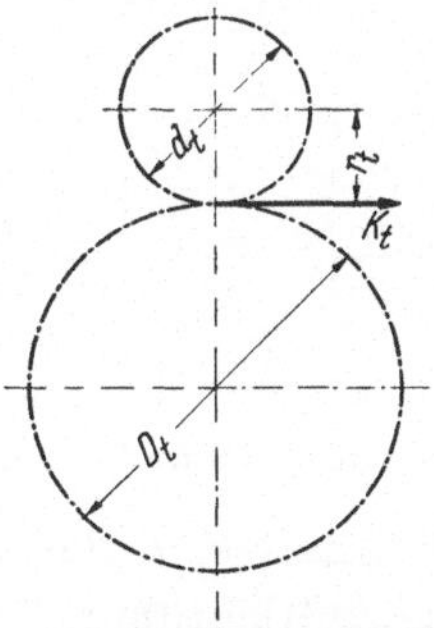

Abb. 54. Umfangskraft bei Zahnrädern.

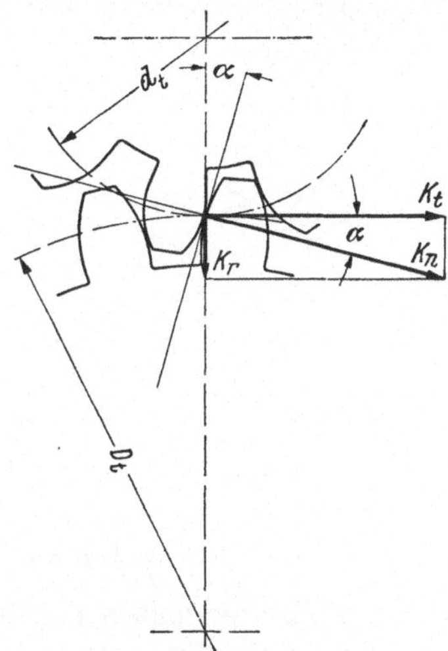

Abb. 55. Lage der Komponenten be Stirnrädern mit Geradverzahnung.

ist einschließlich etwa erforderlicher Zuschläge als äußere Kraft in die Berechnung einer Zahnradlagerung einzusetzen. In vielen Fällen ist es zweckmäßig, nicht die Normalkraft K_n selbst zu bestimmen, sondern sie als Resultierende ihrer Komponenten zu betrachten, die in tangentialer, radialer und axialer Richtung, bezogen auf die Drehachse des Rades, bestimmt werden müssen.

Liegen die Zähne parallel zur Radachse, so hat die Normalkraft im Eingriff nur zwei Komponenten, und zwar wirkt die gegebene Kraft K_t in tangentialer Richtung während

$$K_r = K_t \cdot \operatorname{tg}\alpha \tag{8}$$

radial gerichtet ist.

Zur Erzielung eines ruhigen Ganges und günstiger Zahnflankenbeanspruchung werden *Stirnräder* häufig *mit schräggeschnittenen Zähnen* versehen. Die Zahnschräge β ist der Winkel zwischen einer gemeinsamen Tangente an Zahnflanke und Teilzylinder des Rades und einer Mantellinie des Teilzylinders parallel zur Radachse (Abb. 56). Infolge dieser Schrägstellung tritt die Zahnnormalkraft K_n aus der Querschnittsebene des Rades heraus. Sie kann also in dieser nicht in ihrer absoluten Größe dargestellt werden, sondern erfordert eine schräge Projektion. Die Kraft K_n ist jedoch aus der gegebenen Umfangskraft K_t bestimmbar als Resultierende dreier Komponenten, die im Raume aufeinander senkrecht stehen und deren Richtung in

Beziehung auf Radialebene und Achse des Rades durch Tangente und Radius des Teilkreises bestimmt ist. Diese drei Komponenten können aus K_t und den Winkeln α und β abgeleitet werden. Da der Winkel β eine Konstruktionsgröße der Zahnform ist, liegt er in einer Normalebene der Verzahnung. Steht die Verzahnung schräg, so muß die Tangente an die Zahnflanke im Teilkreis einen größeren Winkel α' mit dem Radius bilden, dessen Tangenswert sich aus dem Schrägungswinkel β und dem Normalflankenwinkel α bestimmen läßt (Abb. 56).

$$\operatorname{tg} \alpha' = \frac{\operatorname{tg} \alpha}{\cos \beta} \tag{9}$$

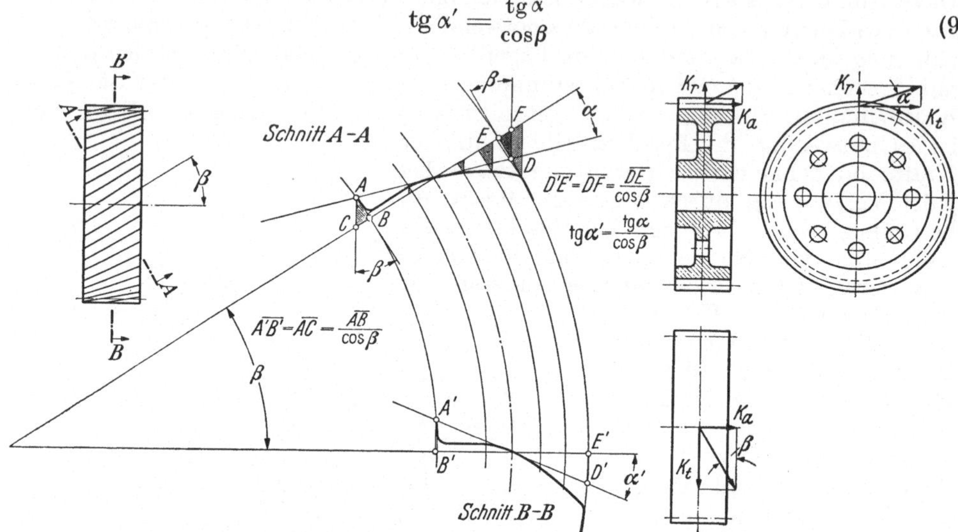

Abb. 56. Lage der Komponenten bei Stirnrädern mit Schrägverzahnung.

Die drei Komponenten der Normalkraft sind damit

in tangentialer Richtung: K_t (gegeben),

in radialer Richtung: $K_r = K_t \cdot \frac{\operatorname{tg} \alpha}{\cos \beta}$ (10)

in axialer Richtung: $K_a = K_t \cdot \operatorname{tg} \beta$. (11)

Bei *Kegelrädern* sind die Kräfte für die Lagerberechnung in gleicher Weise wie bei Stirnrädern zu ermitteln (Abb. 57), es ist lediglich die Neigung des Zahnes gegen die Radachse um den halben Kegelspitzenwinkel δ zu berücksichtigen. Die in der Ebene senkrecht zur Mantellinie des Teilkegels auftretenden Kräfte lassen sich durch eine schräge Projektion in einfacher Weise zur Darstellung bringen. Daraus geht hervor, daß die Zahnnormalkraft K_n zwar aus der Umfangskraft K_t lediglich mittels Division durch $\cos \alpha$ zu bestimmen ist, sie liegt jedoch schräg im Raume, so daß ihre drei Komponenten durch Projektion in die jeweiligen Ebenen ermittelt werden müssen. Aus der Darstellung (Abb. 57) ergibt sich damit

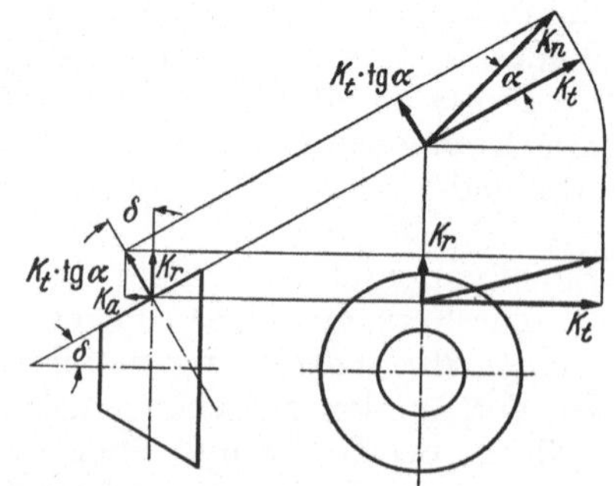

Abb. 57. Lage der Komponenten bei Kegelrädern.

Kraft in tangentialer Richtung: K_t (gegeben),

Kraft in radialer Richtung: $K_r = K_t \cdot \cos \delta \cdot \operatorname{tg} \alpha$, (12)

Kraft in axialer Richtung: $K_a = K_t \cdot \sin \delta \cdot \operatorname{tg} \alpha$. (13)

Die im Eingriff von *Kegelrädern mit Spiralverzahnung* auftretenden Kräfte ergeben sich durch eine Zusammenfassung der Überlegung für Kegelräder mit Geradverzahnung und Stirnräder mit Schrägverzahnung. Es treten hier also gleichzeitig zwei Radial- und zwei Axialkräfte auf, die sowohl gleich- als auch entgegengerichtet sein können. Dabei ist bei beiden Radial- und Axialkomponenten nur der gegenseitige Einfluß der Winkel aufeinander zu berücksichtigen. Die drei Komponenten der Zahnnormalkraft bei Spiralkegelrädern errechnen sich hiernach aus folgende Gleichungen:

Kraft in tangentialer Richtung: K_t (gegeben)

$$\text{Kraft in radialer Richtung: } K_r = K_t \cdot \left(\frac{\cos\delta \cdot \operatorname{tg}\alpha}{\cos\beta} \mp \sin\delta \operatorname{tg}\beta\right), \tag{14}$$

$$\text{Kraft in axialer Richtung: } K_a = K_t \cdot \left(\frac{\sin\delta \operatorname{tg}\alpha}{\cos\beta} \pm \cos\delta \cdot \operatorname{tg}\beta\right). \tag{15}$$

Die oberen Vorzeichen gelten, wenn von der Kegelspitze gesehen

Spiralrichtung — links, Drehrichtung — links oder

Spiralrichtung — rechts, Drehrichtung — rechts ist.

Die Kraft ist dann von der Kegelspitze weg gerichtet. Die unteren Vorzeichen gelten, wenn Spiralrichtung und Drehrichtung verschieden sind. Die Kraft ist dann zur Kegelspitze gerichtet.

Bei rechtwinkligem Schnitt beider Radachsen ist die Radialkraft des einen Rades gleich der Axialkraft des Gegenrades und umgekehrt.

Die Zusammenhänge zwischen den Kräften, die bei den behandelten Formen von Zahnrädern auftreten, lassen sich aus den Gleichungen der Kräfte für Spiralkegelräder entwickeln, indem die Sonderfälle der jeweiligen Winkel eingesetzt werden. Danach ergeben sich die Gleichungen der Kräfte für Stirnräder mit Schrägverzahnung, wenn die Funktionen des Kegelspitzenwinkels für $\delta = 0$ eingesetzt werden.

Die Errechnung von Zahnkräften aus Leistung und Drehzahl ergibt theoretische Werte, die in Wirklichkeit sowohl über- als auch unterschritten werden können. Ein Überschreiten der theoretischen Werte ist anzunehmen, bei Dauerbetrieb und bei Verwendung von Zahnradpaaren gewöhnlicher Fertigung, bei denen naturgemäß mit wesentlich größeren Toleranzen für die Teilungs- und Zahnformgenauigkeit sowie für die Rundheit des Teilkreises und den zentrischen Lauf des Rades gerechnet werden muß, als bei Präzisionsrädern, bei denen jedes einzelne Paar einer sorgfältigen Maß- und Laufprüfung unterworfen wird. Die durch derartige *Zusatzkräfte* hervorgerufene Mehrbelastung der Lager wird berücksichtigt durch Multiplikation der theoretischen Zahnkräfte mit dem Zahndruckzuschlagfaktor f_z bzw. f_g, deren Größe von der Umfangsgeschwindigkeit der Räder im Teilkreis und von dem Gütegrad der Zahnbearbeitung abhängig ist.

Die in den Fluchtlinien (Tab. 3) enthaltenen Höchstwerte sollen nur als Richtlinie dienen. Bei der Anwendung der Zuschlagfaktoren ist zu beachten, daß dadurch eine zusätzliche Sicherheit für die Lagerbestimmung auch bei ungünstigstem Zusammentreffen aller der Einflüsse erreicht werden soll, die eine Erhöhung der Lagerbelastung hervorrufen können. Andererseits gibt es auch Fälle, in denen die tatsächliche Höhe des Lagerdruckes nicht die theoretischen Werte erreicht, wenn nämlich in der Energieleitung eine Leistungsreserve für die Überwindung kurzzeitig auftretender großer Widerstände berücksichtigt werden muß. Dies ist z. B. bei Fahrzeugantrieben die Regel, so daß es berechtigt erscheint, für die Lagerbelastung die Annahme zu machen, daß die Einflüsse der Belastungserhöhung durch mögliche Eingriffsungenauigkeiten und die Einflüsse der Belastungsverminderung durch die nur kurzzeitige Ausnutzung der vollen Nennleistung sich gegenseitig aufheben.

Riemen-, Band- und Seiltriebe bedingen wegen der notwendigen Vorspannung der Zugorgane eine Lagerbelastung, die ein Vielfaches der theoretischen

Umfangskraft aus Leistung und Drehzahl beträgt. Die für solche Zugorgane geltenden Zuschläge sind daher im Gegensatz zum Zahndruckzuschlag immer einzusetzen weil ein Riemen- oder Seiltrieb ohne Vorspannung keine Übertragungsfähigkeit besitzt.

Tabelle 3. *Zuschlagfaktoren bei Zahnradgetrieben.*

K_t = theoretische Umfangskraft, v = Umfangsgeschwindigkeit, m/s, P_r = radiale Lagerbelastung.

a) Räder mit einem Zahneingriff.

f_z Zuschlagfaktor

$P_r = f_z \cdot K_1$

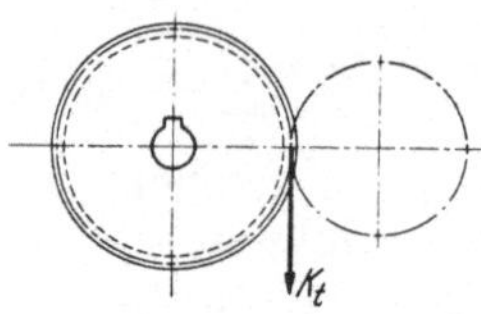

Abb. 58a.

Geschliffene schräge Zähne oder Winkelzähne

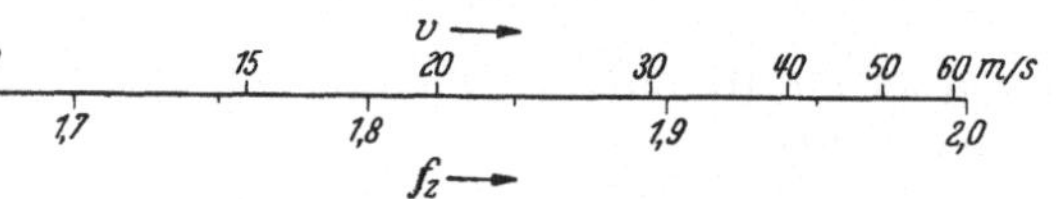

Gehobelte oder gefräste Zähne

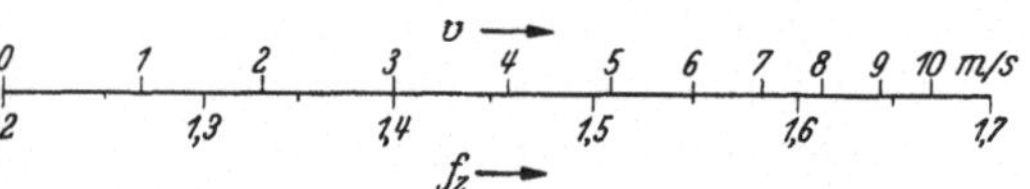

Gegossene, unbearbeitete Zähne

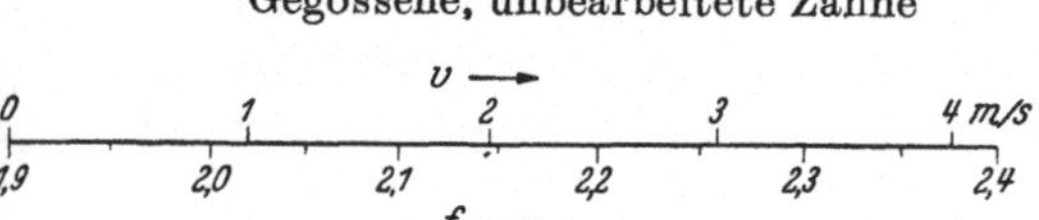

Bei Schrägverzahnung ist der theoretische Axialdruck mit f_z zu multiplizieren.

b) Räder mit zwei Zahneingriffen.

f_g = Zuschlagfaktor $= 0,6 \cdot f_z \cdot \sqrt{f_z}$

$P_r = f \cdot K_t$

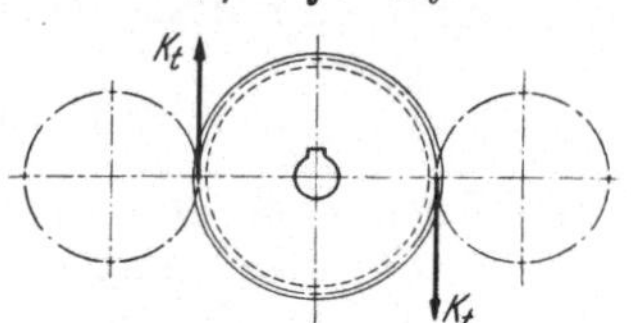

Abb. 58b.

Geschliffene schräge Zähne oder Winkelzähne

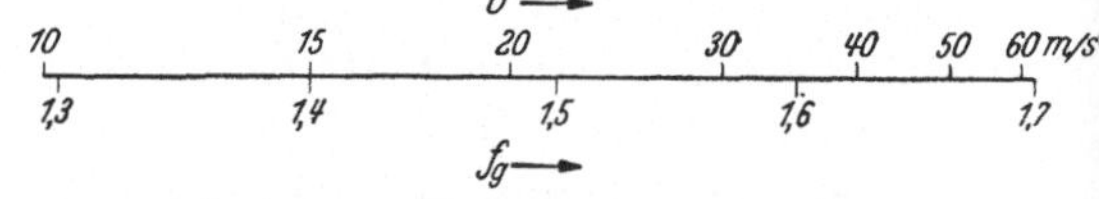

Gehobelte oder gefräste Zähne

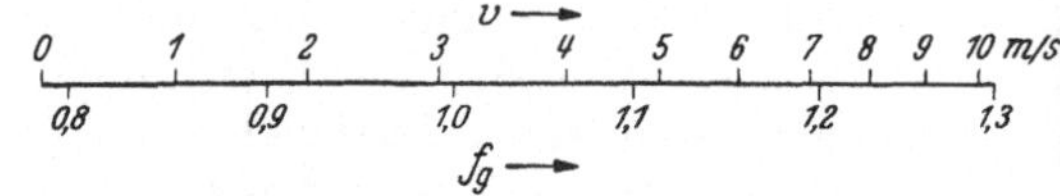

Die Resultierende der beiden statischen, radialen Zahndrücke ist = 0.

Bei Schrägverzahnung ist der theoretische Axialdruck mit f_z zu multiplizieren.

Sind die äußeren Kräfte K_t an beiden Zahneingriffen nach einer Seite gerichtet und der resultierende Axialdruck = 0, so ist der theoretische Axialdruck eines Eingriffes mit f_g zu multiplizieren und nach beiden Richtungen wirkend anzunehmen.

Bei Riemen- und Seiltrieben sind Vorspannung und dynamische Zusatzkräfte dadurch zu berücksichtigen, daß die Umfangskraft mit den Faktoren f_v und f_d gemäß nachstehender Tabelle 4 multipliziert werden.

Kolbenmaschinen. Bei Kolbenkraftmaschinen wirken als äußere Kräfte die Zylinderdrücke und die Massenkräfte auf die Lager des Kurbeltriebs. Beide Kräfte treten unabhängig voneinander auf. Ihr Verlauf während einer Kurbelumdrehung ist durch das Indikatordiagramm und das Massendruckdiagramm festgelegt. Diese Diagramme können vor dem Entwurf der Maschine konstruiert und der Bemessung der Lager wie derjenigen aller anderen Bauelemente zugrunde gelegt werden. Es ist zu beachten, daß die Summe der gleichzeitig wirkenden Kräfte nach dem Kolbendruckdiagramm und dem Massendruckdiagramm ein Schaubild ergibt, das im Verlauf einer Umdrehung äußerst starke Kraftschwankungen zeigt.

Schnellaufende Kolbenmaschinen, vor allem Verbrennungskraftmaschinen, haben resultierende Druckdiagramme mit scharf ausgeprägten Spitzendrücken, die nur während eines sehr kleinen Kurbeldrehwinkels in voller Höhe wirksam bleiben. Es ist aber nicht möglich, daß bei jeder Umdrehung die kleine Stelle des Lagerinnen-

Tabelle 4. *Faktoren f_v und f_d bei Riemen, Seil- und Kettentrieben.*

Zugorgane v[1] =	f_v < 5	10	20	> 30	f_d[2]
Einfache Lederriemen mit Spannrolle	3	2,5	2	1,75	1,0 bis 1,1
Einfache Lederriemen, Balatariemen, Gummiriemen	4	3,5	3	2,75	1,0 bis 1,25
Doppelte Lederriemen, Kamelhaarriemen, Baumwollriemen, Hanfriemen	4,8	4,2	3,6	3,3	1,0 bis 1,25
Keilriemen	≈ 2				1,0 bis 1,25
Stahlbänder, geringe Temperaturschwankung	4				1,0 bis 1,25
Stahlbänder, Temperaturschwankung mehr als 15° C	6,5				1,0 bis 1,25
Baumwoll- und Hanfseile, horizontal laufend	6,5				1,0 bis 1,25
Ketten	1				1,25 bis 1,5

[1] v = Umfangsgeschwindigkeit in m/sec.
[2] Die höheren Werte gelten für schwere Betriebsverhältnisse und kurze Wellenabstände.

ringes, die dem kleinen Drehwinkel der Kurbel unter der Spitzenlast entspricht, gerade von einem Rollkörper belaufen wird. Die Überrollungen ein und derselben Rollbahnstelle unter Höchstlast finden also nicht mit derselben Häufigkeit statt, wie die Umläufe der Welle, sondern seltener. Bei Verbrennungskraftmaschinen, die im Viertakt arbeiten, wird die Häufigkeit der Überrollungen unter Höchstbelastung darüber hinaus noch dadurch vermindert, daß der Kolben nur bei jeder zweiten Wellenumdrehung Arbeit leistet. Diese Verminderung der Anzahl Überrollungen unter Höchstlast wird berücksichtigt, indem für die Berechnung des Pleuellagers nach der Formel erfolgt:

$$P_p = f \cdot [Z - (M_0 - M_r)]. \tag{16}$$

Die Belastung, welche sich auf die Hauptlager entsprechend dem Abstand von der Zylindermitte verteilt, wird ermittelt nach der Formel:

$$P_H = f \cdot [Z - 0{,}5 \cdot M_0]. \tag{17}$$

Dabei bedeutet:

P_p = äquivalente Belastung der Pleuellager
P_H = äquivalente Gesamtlast auf die Hauptlager. Belastungsanteil auf jedes Einzellager ist besonders zu ermitteln
Z = maximaler Kolbendruck
M_0 = hin- und hergehende Massenkräfte im oberen Totpunkt
M_r = umlaufende Massenkräfte
f = Reduktionsfaktor
= 0,32—0,4 für Viertakt-Dieselmotoren
= 0,4—0,5 für Zweitakt-Diesel- und Viertakt-Ottomotoren
= 0,6 für Zweitakt-Ottomotoren.

Für Lager, die von mehreren Zylindern aus belastet werden, ist stets die Resultierende aller der Kräfte maßgebend, die gleichzeitig auftreten. Dabei ist je nach Stellung und Anzahl der Zylinder sowie nach dem Kurbelversetzungswinkel und der Zündfolge eine genaue Untersuchung durchzuführen. Allgemeingültige Angaben können hierzu nicht gemacht werden.

Je besser ein Kurbeltriebwerk durch Gegengewichte ausgewuchtet ist, um so geringer ist die Wirkung der Massenkräfte auf die Hauptlager. Da die Massenkräfte aber im oberen Totpunkt dem Kolbendruck entgegenwirken, müssen die Hauptlager der Kurbelwelle höher als bei teilweisem oder fehlendem Massenausgleich belastet werden. Je höher nun aber die Drehzahl ist, um so besser muß einerseits die

Welle ausgewuchtet sein, um so größer sind aber andererseits die Massenkräfte im Verhältnis zum Zylinderdruck. Dadurch erklärt es sich, daß bei schnellaufenden gut ausgewuchteten Kurbelwellen die Pleuellager bei gleicher Betriebssicherheit wesentlich schwächer als die Hauptlager bemessen werden können.

Elektromotoren. Als Ursachen für die äußeren Kräfte zur Bestimmung der Wälzlager für elektrische Maschinen kommen das Gewicht K_g des Läufers und der Welle, die Ungleichförmigkeit K_m der am ganzen Umfang des Läufers gleichsinnig wirkenden, magnetischen Umfangskraft, und schließlich die Belastung K der Welle durch Riemenscheibe oder Zahnrad in Frage. Es ist jedoch grundsätzlich falsch, die statischen oder theoretischen Werte dieser Kräfte ohne Beachtung der Eigenart der betreffenden Maschine und des Betriebes, für die sie bestimmt ist, für die Berechnung des Lagerdruckes zu benutzen. Da die Lageranordnung bei elektrischen Maschinen durchweg gleich ist und die für die Lagerbestimmung maßgebenden Kräfte von den statischen oder theoretischen Werten von K_g, K_m oder K_t abhängig sind, kann die Anwendung von Berechnungsfaktoren empfohlen werden, die der praktischen Erfahrung entnommen sind, und die als Richtwerte für die Berechnung der Lagerdrücke aus K_g, K_m und K_t dienen sollen.

Bezeichnet man die ungefähr im Schwerpunkt des Läufers angreifende äußere Querkraft mit K_1, so kann diese auf die gleichzeitige Wirkung der Schwerkraft K_g und der magnetischen Querkraft K_m zurückgeführt werden.

Das Läufergewicht K_g wird dabei wegen der unvermeidlichen Exzentrizität des Schwerpunktes mit einem Faktor f_e zu multiplizieren sein, dessen Größe je nach Lage der Wellenachse (waagerecht oder senkrecht) und je nach Auswuchtungsgrad und Drehzahl verschieden ist. Damit kann die im Läuferschwerpunkt angreifende Kraft aus:

$$K_1 = f_e \cdot K_g + K_m \tag{18}$$

berechnet werden.

Die an der Riemenscheibe oder am Ritzel wirkende Kraft K_2 läßt sich aus der theoretischen Umfangskraft $K_t = \frac{M_d}{r}$ bestimmen, indem diese mit dem Vorspannungsfaktor f_v für Riementrieb oder mit dem Zahndruckzuschlagsfaktor f_z multipliziert wird. Es gilt also

für Antrieb oder Abtrieb durch Riemenscheibe	$K_2 = f_v \cdot K_t$	(19)
„ „ „ „ „ Zahnrad	$K_2 = f_z \cdot K_t$	(20)
„ „ „ „ „ Kupplung	$K_2 = 0.$	

Besonders zu beachten ist die Anwendung des Zahndruckzuschlagsfaktors für Bahnmotoren. Das Drehmoment dieser Maschinen wird errechnet aus der Stundenleistung und der Stundendrehzahl. Wie bei jedem Fahrzeugbetrieb sind die Fahrwiderstände und damit die von der Maschine abzügebende Leistung starken Schwankungen unterworfen, die bei der Lagerberechnung berücksichtigt werden müssen, indem besondere Zahndruckzuschlagsfaktoren für Bahnmotoren f_{zb} Anwendung finden.

Bei der Lagerwahl müssen auch Kräfte in Richtung der Wellenachse berücksichtigt werden. Diese entstehen bei ortsfesten Maschinen mit waagerechter Welle und Zahnradtrieb, wenn Schrägverzahnung vorgesehen ist; der Längsdruck ergibt sich also aus der Längskomponente des Zahndrucks und dem Zahndruckzuschlagfaktor:

$$P_a = f_z \cdot K_a. \tag{21}$$

Bei Bahnmotoren treten außerdem Massenkräfte in Längsrichtung auf, die durch Multiplikation des Läufergewichtes K_g mit einem Faktor f_d ermittelt werden, der diese dynamischen Kräfte berücksichtigt:

$$P_a = f_{zb} \cdot K_a + f_d \cdot K_g. \tag{22}$$

Richtwerte für die Berechnungsfaktoren zur Bestimmung der äußeren Kräfte für die Lager in elektrischen Maschinen sind in nachstehender Tab.5 zusammengestellt.

Tabelle 5. *Zuschlagfaktoren für elektrische Maschinen.*

a) Ortsfeste Motoren und Generatoren.

Wellenachse	f_e [1]	f_v			f_z
		Spannleisten	Spannrollen	Keilriemen	
Waagerecht	1,5—2,2	$3{,}5 + \dfrac{10}{100\frac{N}{n} + 5}$	3	3	Nach Umfangsgeschwindigkeit und Bearbeitungsgüte aus (Tab. 3)
Senkrecht	1,2—2,0		3	3	

[1] Die höheren Werte gelten für Motoren mit $n > 1500$ Umdr./min.

b) Bahnmotoren.

Fall A: Motor in abgefedertem Rahmen eingebaut,
Fall B: Motor hängt zum Teil unmittelbar an der Achse.

		f_e	f_{zb}	f_d
Fernbahnen	Fall A	1,8	$0{,}7 \cdot f_z$	0,4
	Fall B	2,2	$0{,}7 \cdot f_z$	0,6
Vorortbahnen	Fall A	2	$0{,}8 \cdot f_z$	0,5
	Fall B	2,4	$0{,}8 \cdot f_z$	0,7
Straßenbahnen	Fall A	—	—	—
	Fall B	2,6	$0{,}9 \cdot f_z$	0,8
Obusse	Fall A	2,0	—	—

2,12. Berechnung der Lagerdrücke.

2,121. Radialkräfte in einer Ebene. Wirkt eine Kraft zwischen den Lagerstellen (Abb. 59), dann ergeben sich die Lagerdrücke aus dem Hebelgesetz, indem die Gleichgewichtsbedingung für die jeweilige Lagerstelle und für die äußere Kraft aufgestellt wird. Das Gleichgewicht der Kräfte fordert, daß die Summe der Momente, bezogen auf die andere Lagerstelle gleich Null gesetzt wird. Zur Bestimmung der Belastung in Lagerstelle I muß sich also das Moment der äußeren Kraft K und des Lagerdruckes P_I bezogen auf Lagerstelle II gegenseitig das Gleichgewicht halten:

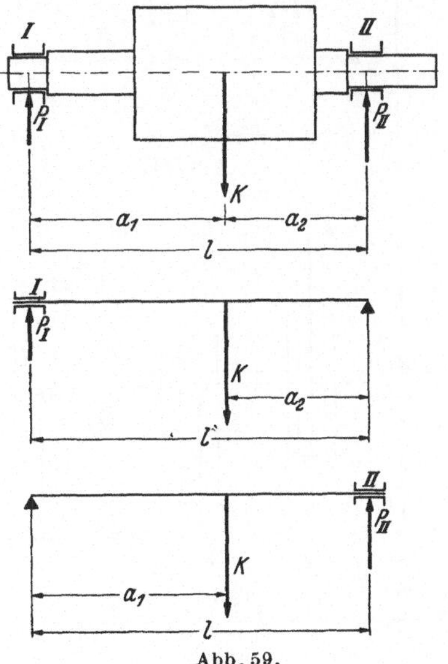

Abb. 59.

$$K \cdot a_2 + P_I \cdot l = 0\,,$$

$$P_I \cdot l = -K \cdot a_2\,,$$

$$P_I = -K\frac{a_2}{l}\,.$$

Für Lagerstelle II ergibt sich der Lagerdruck in gleicher Weise:

$$P_{II} = -K\frac{a_1}{l}\,.$$

Das negative Vorzeichen läßt erkennen, daß die Lagerdrücke P_I und P_{II} der äußeren Kraft K

entgegen gerichtet sind. Diese Richtungsfestlegung ist nicht notwendig, wenn keine geometrische Addition der Lastanteile aus mehreren äußeren Kräften erforderlich ist.

Greift die äußere Kraft K außerhalb der Lager an (Abb. 60), so ist zu beachten, daß das Moment der Belastung des Lagers I, welches von der äußeren Kraft abgewendet ist, und das Moment der äußeren Kraft entgegengesetzten Drehsinn haben muß. Werden beide Momente auf die Lagerstelle II neben der äußeren Kraft bezogen,

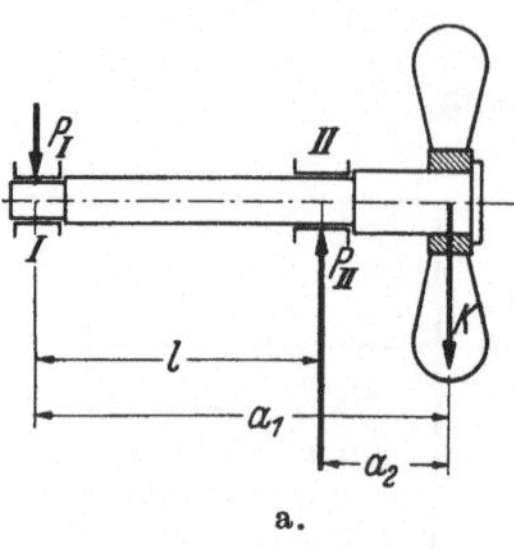

a.

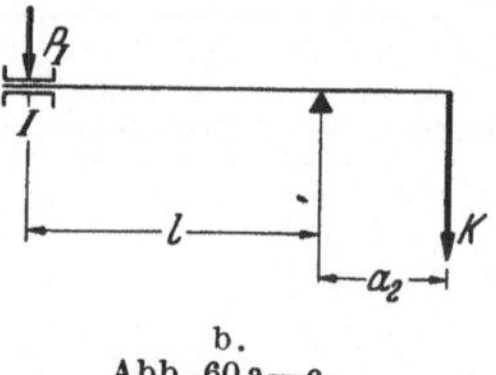

b.

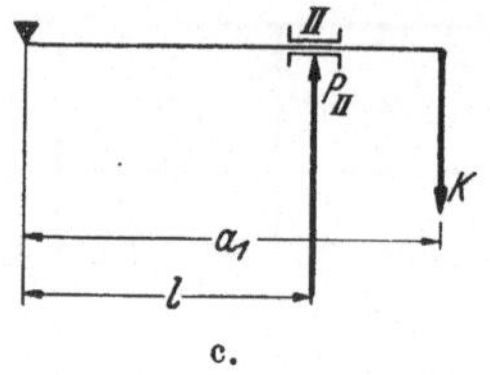

c.

Abb. 60a—c.

so ergibt sich gleicher Richtungssinn für K und P_I:

$$P_I = + K \frac{a_2}{l}.$$

Die Gleichgewichtsbedingung für Lagerstelle II dagegen erfordert:

$$P_{II} = - K \frac{a_1}{l}$$

und ergibt eine Belastung, die größer als die äußere Kraft sein muß, weil in diesem Fall auch $a_1 > l$ ist.

Wirken mehrere äußere Kräfte auf eine Welle in zwei Lagern (Abb. 61), so ist für jede Kraft die Bestimmung der Lagerdrücke durchzuführen. Die sich ergebenden Teilkräfte jeder äußeren Kraft in einem Lager sind unter Beachtung ihres Richtungssinnes zusammenzufügen.

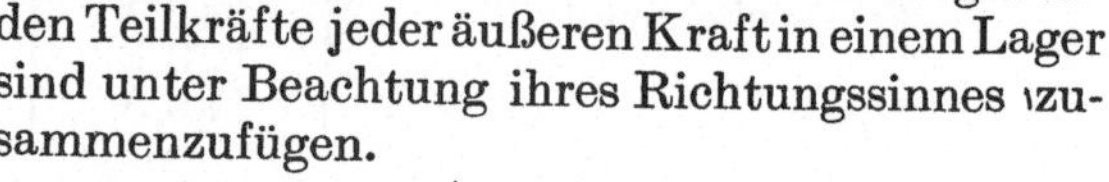

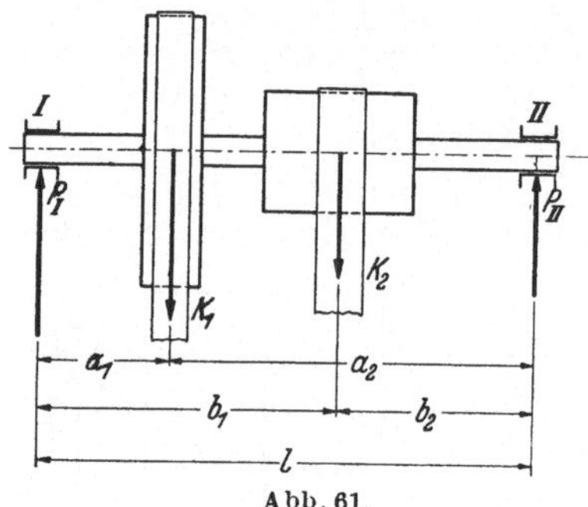

Abb. 61.

$$\left.\begin{aligned} P_{I1} &= - K_1 \frac{a_2}{l} \\ P_{I2} &= - K_2 \frac{b_2}{l} \end{aligned}\right\} P_I = P_{I1} + P_{I2},$$

$$\left.\begin{aligned} P_{II1} &= - K_1 \frac{a_1}{l} \\ P_{II2} &= - K_2 \frac{b_1}{l} \end{aligned}\right\} P_{II} = P_{II1} + P_{II2}.$$

Wenn die Richtung der äußeren Kräfte verschieden ist (Abb. 62), so ist ihr Richtungssinn gegenseitig festzulegen.

Es sei gegeben: $-K_1$, $+K_2$, $+K_3$,

$$\left.\begin{aligned} P_{I1} &= + K_1 \frac{a_2}{l}, \\ P_{I2} &= - K_2 \frac{b_2}{l}, \\ P_{I3} &= + K_3 \frac{c_2}{l}, \end{aligned}\right\} P_I = P_{I1} - P_{I2} + P_{I3},$$

$$\left.\begin{aligned} P_{II1} &= + K_1 \frac{a_1}{l} \\ P_{II2} &= - K_2 \frac{b_2}{l} \\ P_{II3} &= - K_3 \frac{c_1}{l} \end{aligned}\right\} P_{II} = P_{II1} - P_{II2} - P_{II3}.$$

Abb. 62.

2,122. Zusammenwirken von Radial- und Axialkräften. Radialkräfte verteilen sich nach den erläuterten Regeln stets auf *beide* Lager einer Welle im Verhältnis ihrer Abstände von den Lagerstellen. In Richtung der Achse wirkende Kräfte werden dagegen nur in *einer* Lagerstelle aufgenommen (Abb. 63).

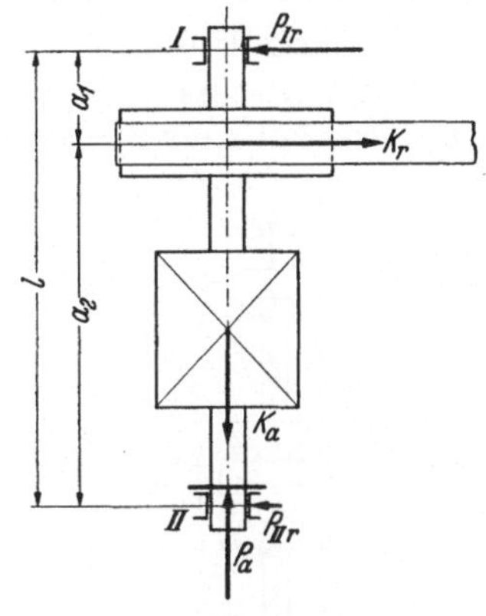

Abb. 63.

Die Radialbelastungen des Lagers sind:

$$P_{Ir} = K_r \frac{a_2}{l},$$

$$P_{IIr} = K_r \frac{a_1}{l}.$$

Die Axialbelastung ist:

$$P_a = K_a.$$

Nimmt ein Lager gleichzeitig die Axialkraft und eine Radialkraft, z. B. P_{IIr} auf, so ist die zusammengesetzte Belastung dieses Lagers:

$$P_{II} = x P_{IIr} + y P_a.$$

Faktoren x und y siehe Abschnitt 1,4.

Eine schräg zur Welle wirkende Kraft, welche die Wellenachse schneidet, ist in ihrem Angriffspunkt an der Wellenachse in ihre Radial- und Axialkomponente K_r und K_a zu zerlegen (Abb. 64). Die Aufgabe kann dann in derselben Weise gelöst werden, wie die vorhergehende.

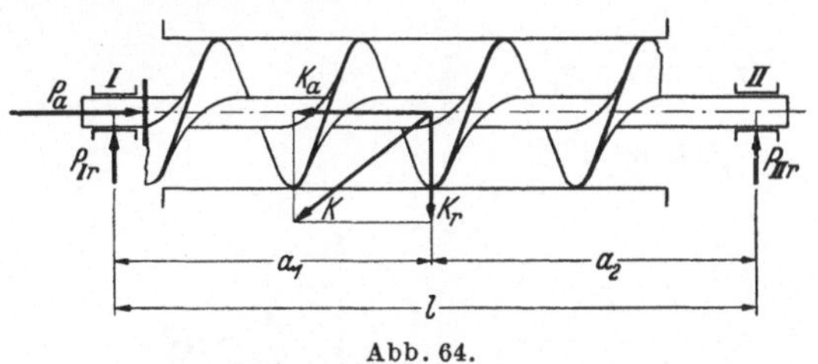

Abb. 64.

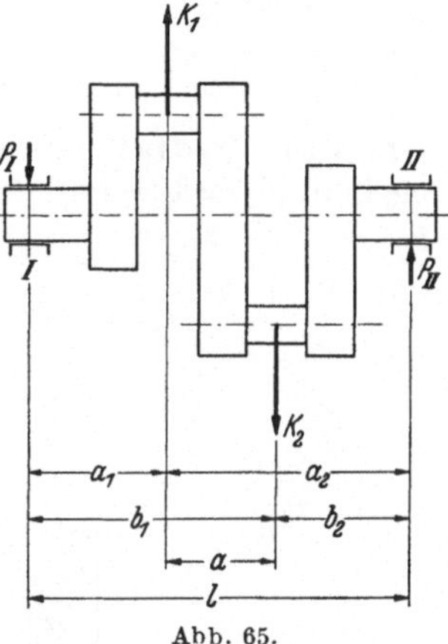

Abb. 65.

2,123. Kräftepaare. Ein symmetrisch zu den Lagerstellen an der Welle angreifendes Kräftepaar (Abb. 65) bedingt in den Lagern ein gegensinniges Kräftepaar mit gleichem Moment:

Voraussetzung:

$$K_1 = - K_2,$$

$$a_1 = b_2,$$

$$a = l - (a_1 + b_2),$$

dann ist:

$$P_I = - P_{II} = K \frac{a}{l}.$$

2,124. Kräfte in beliebiger Richtung. Wenn die Resultierende der äußerenKräfte nicht durch die Wellenachse geht, so wird zweckmäßig eine Zerlegung in drei Komponenten vorgenommen. Die Achsen des dreidimensionalen Koordinatensystems werden in folgender Weise bestimmt:

Der Kraftangriffspunkt (z. B. Eingriffsmitte zweier Zahnräder) und die Wellenachse bestimmen eine Ebene, in der eine Radialkraft K_r und eine Axialkraft K_a wirken.

Die senkrecht auf der durch K_r und K_a gegebenen Ebene stehende Komponente ist dic tangentiale Umfangskraft K_t, deren senkrechter Abstand von der Achse der Hebelarm r des Drehmomentes der äußeren Kraft ist.

Die radiale Kraft K_r wirkt auf die Lager in derselben Weise wie in Abschnitt 2,121 angegeben.

Die axiale Kraft K_a bedingt in dem Festlager oder dem Längslager der zu lagernden Welle eine entgegengesetzt gerichtete, gleiche Axialkraft P_a, die mit K_a ein Kräftepaar bildet, dessen Moment als *Kipp*moment zusätzliche, einander entgegengerichtete Radialkräfte hervorruft.

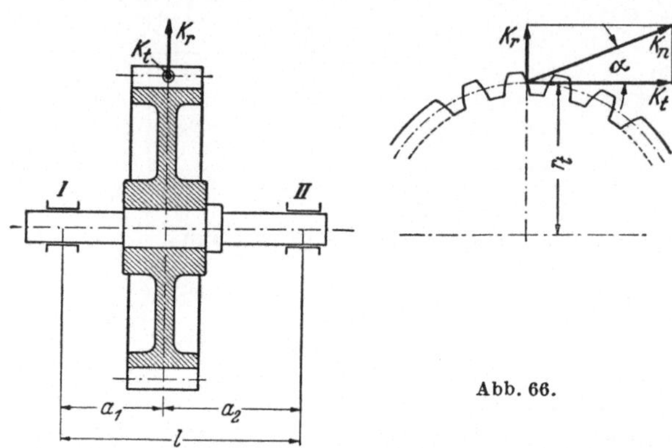

Abb. 66.

Die Tangentialkraft K_t bildet mit der Summe der Lagerbelastungen in einer senkrecht zur Achse stehenden Ebene als Kräftepaar das *Dreh*moment; die Lagerreaktionen dieser Komponente errechnen sich aus den Abständen der Lager von dieser Ebene.

Reine Radialkräfte bei einem Zahnräderpaar (Abb. 66).
Gegeben: K_t = tangentiale Umfangskraft aus N, n und r_t, α = Zahnflankenwinkel.

$$K_n = K_t \cdot \frac{1}{\cos\alpha},$$

$$P_I = K_n \cdot \frac{a_2}{l},$$

$$P_{II} = K_n \cdot \frac{a_1}{l}.$$

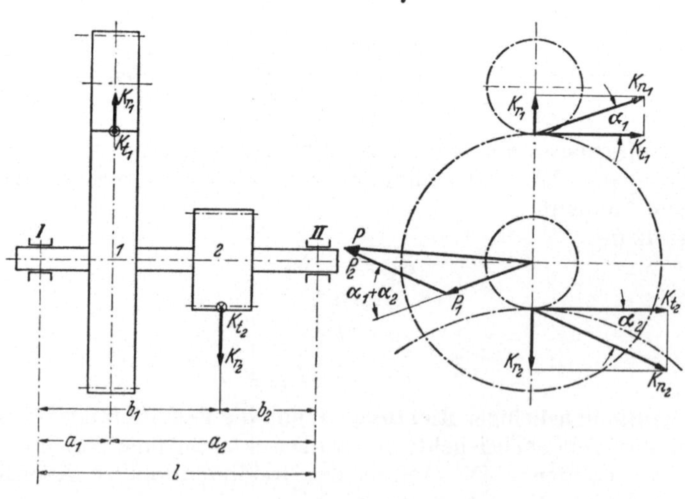

Abb. 67.

Reine Radialkräfte bei einem Zahnradvorgelege mit einem Antrieb und Abtrieb in einer Ebene mit der Hauptachse.

a) Antrieb und Abtrieb liegen sich gegenüber (Abb. 67).

$$K_{n1} = K_{t1} \cdot \frac{1}{\cos\alpha_1},$$

$$K_{n2} = K_{t2} \cdot \frac{1}{\cos\alpha_2},$$

$$P_{I1} = K_{n1} \cdot \frac{a_2}{l},$$

$$P_{I2} = K_{n2} \cdot \frac{b_2}{l},$$

$$P_I = \sqrt{P_{I1}^2 + P_{I2}^2 - 2\, P_{I1} \cdot P_{I2} \cdot \cos\,[180^\circ - (\alpha_1 + \alpha_2)]},$$

$$\cos\,[180^\circ - (\alpha_1 + \alpha_2)] = -\cos\,(\alpha_1 + \alpha_2),$$

$$P_I = \sqrt{P_{I1}^2 + P_{I2}^2 + 2\, P_{I1} \cdot P_{I2} \cdot \cos\,(\alpha_1 + \alpha_2)},$$

P_{II} ergibt sich in gleicher Weise aus P_{II1} und P_{II2}.
Die arithmetische Addition ergibt größere Werte als die geometrische, bedingt also eine zusätzliche Sicherheit.

$$P_I < P_{I1} + P_{I2}.$$

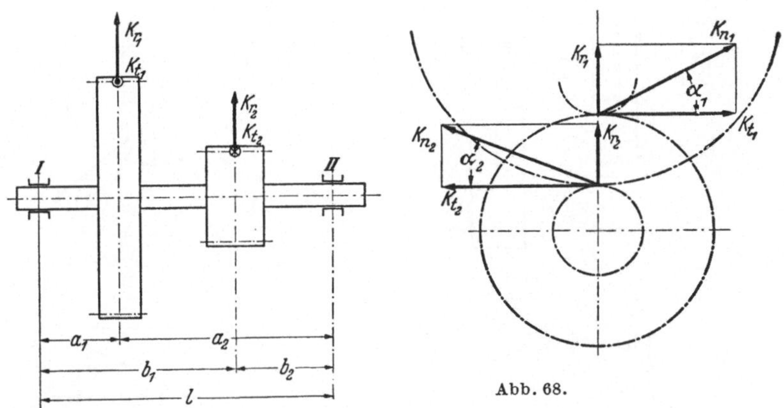

Abb. 68.

b) Antrieb und Abtrieb liegen auf einer Seite (Abb. 68).

$$P_{I1} = K_{n1} \cdot \frac{a_2}{l},$$

$$P_{I2} = K_{n2} \cdot \frac{b_2}{l},$$

$$P_I = \sqrt{P_{I1}^2 + P_{I2}^2 - 2\, P_{I1} \cdot P_{I2} \cdot \cos\,(\alpha_1 + \alpha_2)}.$$

P_{II} ergibt sich in gleicher Weise aus P_{II1} und P_{II2}.
Die arithmetische Addition ergibt kleinere Werte als die geometrische. Die erstere darf daher für die Lagerbestimmung *nicht* benutzt werden.

Zwei Zahneingriffe um einen Winkel gegeneinander versetzt.

a) *Versetzungswinkel* ε *entgegen dem Drehsinn* (Abb. 69).

P_1 und P_2 für I und II wie bei Abb. 67.

$$P = \sqrt{P_1^2 + P_2^2 - 2\, P_1 P_2 \cdot \cos\,(\varepsilon + \alpha_1 + \alpha_2)}.$$

$\varepsilon = 90^\circ$: $\quad P = \sqrt{P_1^2 + P_2^2 + 2 \cdot P_1 P_2 \cdot \sin\,(\alpha_1 + \alpha_2)}$,

$\varepsilon = 90^\circ$ und $\alpha_1 = \alpha_2 = 15^\circ$: $\quad P = \sqrt{P_1^2 + P_2^2 + P_1 \cdot P_2}$.

b) Versetzungswinkel ε im Drehsinn (Abb. 70).

Sonderfälle: $P = \sqrt{P_1^2 + P_2^2 - 2\,P_1\,P_2 \cdot \cos[\varepsilon - (\alpha_1 + \alpha_2)]}$.

$\varepsilon = 90°$: $P = \sqrt{P_1^2 + P_2^2 - 2\,P_1\,P_2 \sin(\alpha_1 - \alpha_2)}$,

$\varepsilon = 90°$ und $\alpha_1 = \alpha_2 = 15°$: $P = \sqrt{P_1^2 + P_2^2 - P_1 \cdot P_2}$.

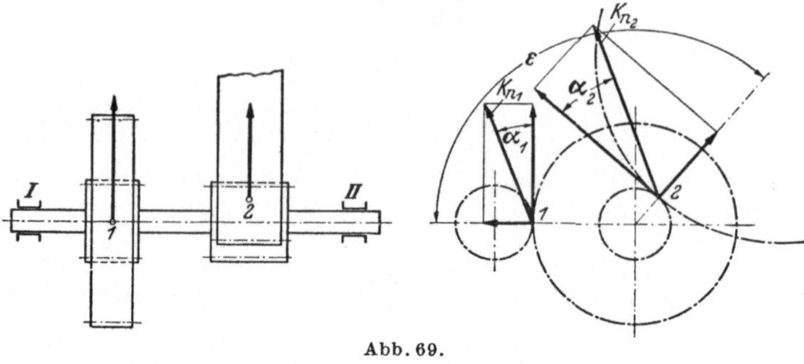

Abb. 69.

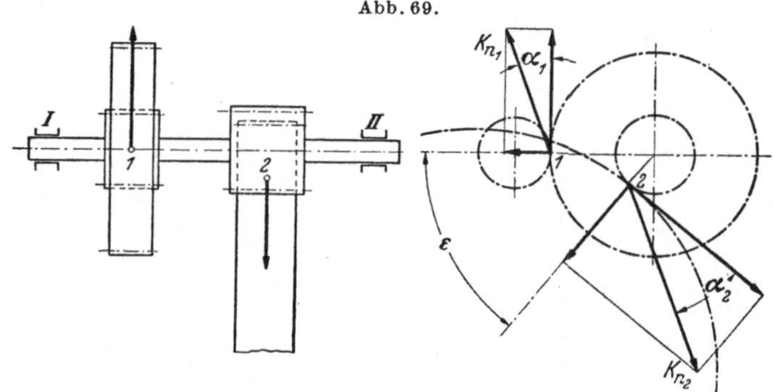

Abb. 70.

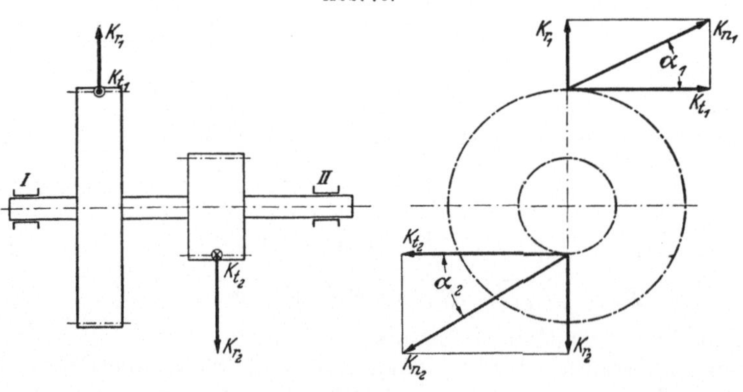

Abb. 71.

Reine Radialkräfte bei einem Zahnradvorgelege mit zwei gegenüberliegenden Antrieben oder Abtrieben (Abb. 71). Trotz äußerlicher Gleichheit der Anordnung mit Abb. 67 wirken die Normalkräfte in beiden Eingriffen entgegengesetzt, weil beide Umfangskräfte im gleichen Drehsinn wirken:

$$P = \sqrt{P_1^2 + P_2^2 - 2\,P_1\,P_2 \cos(\alpha_1 - \alpha_2)}\,.$$

Wenn $\alpha_1 = \alpha_2$, wird $\cos(\alpha_1 - \alpha_2) = \cos 0° = 1$ und damit $P = P_1 - P_2$.

Radial- und Axialkräfte. *Angriffspunkt der Kräfte zwischen den Lagerstellen* (Abb. 72 u. 73). Wegen des Momentes $K_a \cdot r_t$ werden bei diesen Aufgaben die Lagerdrücke aus den Teilkräften der Normalkraft in tangentialer, radialer und axialer Richtung errechnet und für jedes Lager die geometrische Summe gebildet; dabei ist der Richtungssinn der Kräfte und die Wirkungsebene der Momente zu beachten:

$$P_{It} = K_t \frac{a_2}{l}, \qquad P_{Ir} = K_r \frac{a_2}{l}, \qquad P_{Ia} = K_a \frac{r_t}{l}.$$

Die auf Lager *I* wirkenden Momente der äußeren Kräfte in bezug auf Lager *II* liegen in derselben Ebene und wirken gleichsinnig. P_{Ir} und P_{Ia} sind also zu addieren:

$$P_I = \sqrt{P_{It}^2 + (P_{Ir} + P_{Ia})^2},$$

$$P_{IIt} = K_t \frac{a_1}{l}, \qquad P_{IIr} = K_r \frac{a_1}{l},$$

$$P_{IIa} = K_a \frac{r_t}{l}.$$

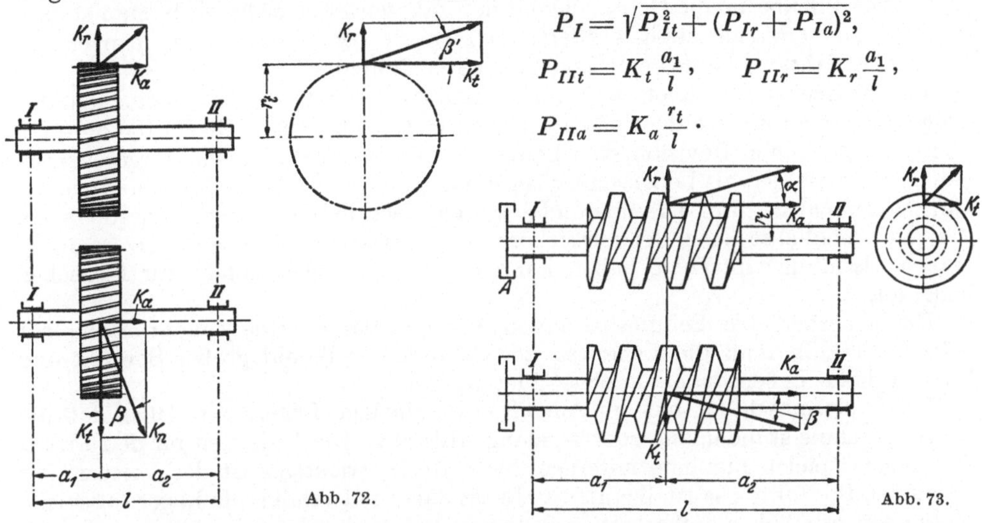

Abb. 72. Abb. 73.

Die auf Lager *II* wirkenden Momente der äußeren Kräfte in bezug auf Lager *I* wirken entgegengesetzt. P_{IIr} und P_{IIa} sind also voneinander abzuziehen:

$$P_{II} = \sqrt{P_{IIt}^2 + (P_{IIr} - P_{IIa})^2},$$

$$P_a = K_a.$$

Angriffspunkt der Kräfte außerhalb der Lagerstellen (Abb. 74).

$$P_{It} = K_t \cdot \frac{a_2}{l},$$

$$P_{Ir} = K_r \cdot \frac{a_2}{l},$$

$$P_{Ia} = K_a \cdot \frac{r_t}{l}.$$

$$P_I = \sqrt{P_{It}^2 + (P_{Ir} - P_{Ia})^2},$$

$$P_{IIt} = K_t \cdot \frac{a_1}{l},$$

$$P_{IIr} = K_r \cdot \frac{a_1}{l},$$

$$P_{IIa} = K_a \cdot \frac{r_t}{l}.$$

$$P_{II} = \sqrt{P_{IIt}^2 + (P_{IIr} + P_{IIa})^2}.$$

$$P_a = K_a.$$

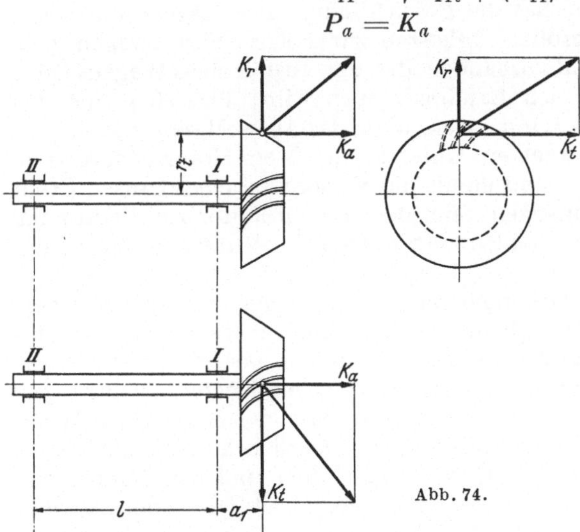

Abb. 74.

2,13. Bestimmung des Lebensdauerfaktors.

Die Lebensdauer der Lager muß sich nach der Haltbarkeit oder der normalen Gebrauchsdauer der Maschine oder des Fahrzeuges richten. Ein Lager eines Automobils braucht keine längere Lebensdauer zu besitzen als der Wagen selbst. Es kann sogar als befriedigend betrachtet werden, wenn dieses an sich unbedeutende billige Element während der Gebrauchsdauer des Fahrzeuges einmal ersetzt werden müßte.

Schienenfahrzeuge erreichen eine wesentlich längere Gebrauchszeit als Automobile. Es ist daher notwendig, bei der Auswahl der Lagergröße auf diesen Umstand Rücksicht zu nehmen und die Lebensdauer im Mittel so zu bemessen, daß wenigstens annähernd die Gebrauchszeit des Fahrzeuges erreicht wird. Man kommt dadurch zu verhältnismäßig größeren Lagern als bei Automobilen, je nach der jährlichen Fahrstrecke des einen oder anderen Fahrzeuges.

Bei Flugzeugen rechnet man im Gegensatz zu Straßen- und Schienenfahrzeugen mit einer außerordentlichen geringen Gebrauchsdauer. Da für die Motoren heute bis zur ersten Revision eine Laufzeit von 500—600 Stunden vorgesehen ist genügt es, diese Zeit als Lebensdauer zugrunde zu legen, auch mit Rücksicht auf die Gewichtsersparnis. Auf der anderen Seite steht aber die Forderung, während dieser Zeit eine möglichst hohe Betriebssicherheit zu erreichen, da eine Lagerzerstörung eine Notlandung zur Folge haben kann und damit Lebensgefahr für Menschen bedeutet.

Die Sicherheit eines Schiffes ist davon abhängig, daß es seine Manövrierfähigkeit behält. Deshalb muß die Lagerung der Schraubenwelle mit großer Sorgfalt und für eine hohe Lebensdauer durchgebildet werden.

Bei Papiermaschinen hat der Ausfall eines einzigen Lagers zur Folge, daß die ganze Maschine stundenlang oder tagelang stillsteht. Die Unkosten für den Ersatz des Lagers spielen nur eine untergeordnete Rolle; wichtiger ist der Verlust, der durch den Produktionsausfall eintritt. Es ist daher notwendig, die Lager für solche Maschinen mit hoher Sicherheit, also langer Lebensdauer auszuwählen und auch auf die Ausbildung aller anderen die Betriebssicherheit beeinflussenden Faktoren größten Wert zu legen. Ähnlich liegen die Verhältnisse bei allen Maschinen, von denen die Produktion eines ganzen Betriebes abhängt.

Bei vielen anderen Lagerstellen hat die Beschädigung eines Lagers und damit die zeitweise Stillsetzung keine großen Unkosten zur Folge. Förderwagen z. B. sind gewöhnlich in so großer Anzahl vorhanden, daß der Ausfall eines Wagens keine Betriebsstörung bedeutet. Bei vielen Landmaschinen wird, abgesehen von den Kosten, nur eine Zeitversäumnis hervorgerufen, wenn das Auswechseln eines Lagers vorgenommen werden muß. Es ist auch ein Unterschied, ob ein Motor zum Antrieb der Pumpe eines Wasserwerks dient und damit die Versorgung einer ganzen Stadt von der Funktion eines Lagers abhängen kann oder ob ein Motor zur Betätigung eines Staubsaugers verwendet wird, bei dem ein zeitweiliger Stillstand nur als unbequem empfunden wird.

Die mit einer Lagerzerstörung zusammenhängenden Folgen sind also sehr verschieden. Bei einem Automobil ermöglicht die Organisation des Kundendienstes mit den weit verzweigten Reparaturwerkstätten und Lagerstocks einen verhältnismäßig schnellen Ersatz. Der Schaden besteht aus den Kosten für das Lager und den Arbeitsstunden, abgesehen von dem oft unbedeutenden Zeitverlust. Wenn aber Menschenleben in Gefahr kommen oder außerordentlich kostspielige Verzögerungen eintreten können, wie bei Flugzeugen, Schiffen und den Fahrzeugen der Straßenbahnen und Vollbahnen, dann ist auf diesen Umstand bei der Auswahl der Lagergröße in erster Linie Rücksicht zu nehmen.

Bevor mit der Festlegung der Lager überhaupt begonnen wird, muß daher geklärt werden, welche Forderungen an die Maschine oder das betreffende Maschinenteil gestellt werden, damit bei der Bestimmung der Lagergröße die wirklich notwendige Lebensdauer zugrunde gelegt wird. Keinesfalls ist es richtig, nur von der verlangten Garantiezeit auszugehen. Diese ist im allgemeinen gegenüber der wünschenswerten oder wirtschaftlichen Lebensdauer viel zu gering.

Es darf nicht vergessen werden, daß sich die Angaben über Lebensdauer nur auf 90% der Lager beziehen, 10% der Lager können vor dieser Zeit ausfallen. In vielen Fällen ist auch die tatsächlich auftretende Belastung einschließlich aller Zusatzkräfte nicht oder nicht genügend bekannt. Die Drehzahl mit ihren Schwankungen ist im allgemeinen genau bekannt oder leicht zu ermitteln. In vielen Fällen müssen aber Untersuchungen angestellt werden, um die tägliche oder jährliche Betriebszeit genau zu erfassen. Man sollte jedoch keine Mühe scheuen, diese Verhältnisse klarzustellen, weil sie für die Auswahl der Lager von bestimmendem Einfluß sind. Es genügt nicht, nur die Belastung zugrunde zu legen und überschlägig die Betriebszeit zu schätzen, weil leicht große Fehler gemacht werden können. So ist z. B. interessant, daß die mittlere Laufstrecke eines Güterwagens der Reichsbahn je Jahr nur etwa 30000 km beträgt, während die eines Schnellzugwagens zwischen 100000 und 150000 km liegt. Bei gleicher Belastung und gleicher Lagergröße würde also zwischen der Lebensdauer ein Verhältnis von 1:4 bis 1:5 bestehen. Aus diesem Beispiel geht hervor, daß mit Rücksicht auf eine genügende Lebensdauer und wirtschaftliche Lagerauswahl die tatsächliche Betriebszeit in jedem Einzelfall untersucht werden muß. Schwierig liegen die Verhältnisse bei Maschinen, die für sehr verschiedenartige Betriebe benutzt werden. Die normalen Drehstrommotoren werden in Serien hergestellt. Es kann meistens nicht geprüft werden, in welchem Betrieb und für welchen Antrieb der eine oder andere Motor aufgestellt werden soll. Es ist daher nicht möglich, die Lagerung dem Einzelfall anzupassen. Deshalb müssen von vornherein diejenigen Lager Verwendung finden, die auch bei ungewöhnlicher Ausnutzung eine genügende Lebensdauer ergeben.

Da zwischen der Lebensdauer L_N in Anzahl Millionen Umdrehungen, der Lagerbelastung P und der Tragzahl C die Funktion besteht

$$L_N = \left(\frac{C}{P}\right)^3, \qquad (1)$$

bedingt eine kleine Erhöhung der Belastung eine erhebliche Verringerung der Lebensdauer. Die tatsächlich auftretende Belastung sollte daher möglichst genau berechnet oder erforscht werden. Auf vielen Gebieten liegen die Verhältnisse klar auf anderen dagegen sind genaue Untersuchungen erforderlich. Oft ist es schwer, die Drücke auch nur annähernd richtig zu schätzen. Man darf nie vergessen, daß die Streuung der Lebensdauer bei gleichen Lagern unter gleichen Verhältnissen etwa 1:40 beträgt. Wenn daher einige Lager eine genügend lange Lebensdauer erreichen, ist dies kein Beweis dafür, daß die Lagergröße wirklich als zweckmäßig angesehen werden kann. Man läuft jedenfalls Gefahr, sich sowohl im günstigen als auch im ungünstigen Sinne zu täuschen. Eine wirklich richtige Beurteilung über die zweckmäßige Auswahl ist erst bei einer großen Anzahl von Lagern und nach vielen Jahren möglich, wenn der Zustand der Ermüdung erreicht wird. Meistens fehlt die Kenntnis über die wirkliche Laufzeit, weil der Fabrikant seine Maschinen aus dem Auge verliert, es sei denn, daß die Lager schon innerhalb der Garantiezeit infolge Ermüdung versagen. Wegen der im allgemeinen langen Lebensdauer der Lager können auch von dem Abnehmer der Maschine selten zutreffende Angaben über die Bewährung gemacht werden, da die wirkliche Laufzeit nicht genügend scharf kontrolliert wird. Man sollte daher schon bei der Auswahl der Lager eine möglichst genaue Bestimmung der Lagerdrücke nach Größe, Richtung und Dauer vornehmen.

2,2. Führung der Welle oder des Gehäuses.

2,21. Radiale Führung.

Die Wälzlager haben nicht nur den Zweck, die Betriebsbelastung zu übertragen, sondern auch die Aufgabe, die Führung der Welle oder der umlaufenden Räder, Rollen oder Scheiben zu übernehmen. Dabei muß in jedem Falle auf die verschiedenartigen Betriebsverhältnisse Rücksicht genommen werden, um den gestellten Anforderungen bei genügend langer Lebensdauer zu genügen unter weitgehender Anpassung an die durch die Bauart der Maschinen und ihre Wirkungsweise gegebenen Bedingungen. Die radiale Führung der Welle oder des Gehäuses ist abhängig von dem Betriebsspiel der Lagerung als Folge des Radialspiels der Lager im Betriebszustand, der Luft der Rollbahnringe auf der Welle oder im Gehäuse und der Federung des Gehäuses und der Unterlage sowie der Biegung der Welle. Das Gesamtspiel muß je nach den Betriebsbedingungen bemessen werden. Im allgemeinen ist lediglich dafür zu sorgen, daß das Radialspiel innerhalb gewisser Grenzen liegt, weil zu starke Vorspannung oder zu großes Spiel die Tragfähigkeit beeinträchtigt.

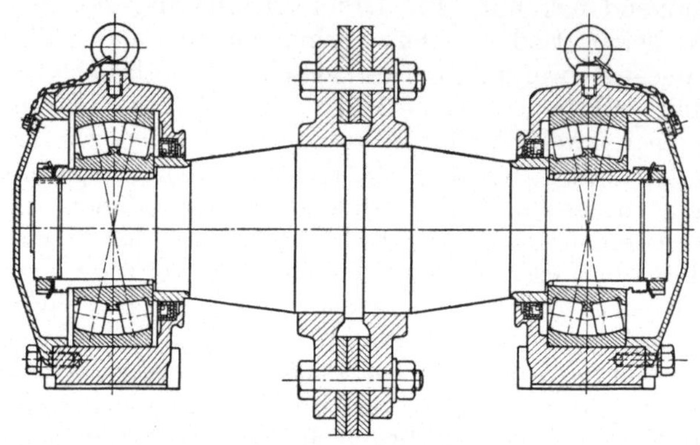

Abb. 75. Stehlager für eine Klappbrücke.

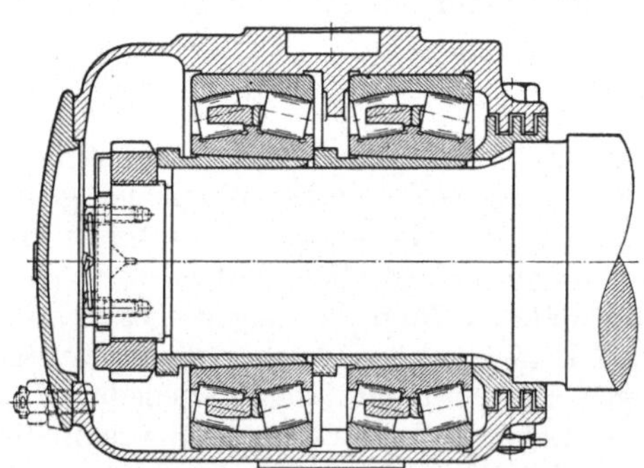

Abb. 76. Achslager für Vollbahn mit zwei Pendelrollenlagern auf Abziehhülsen.

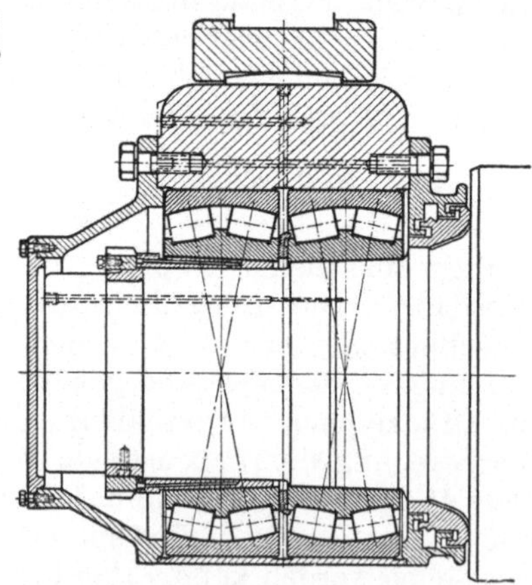

Abb. 77. Stützwalzenlagerung eines Kaltwalzgerüstes.

Das richtige Führungsspiel wird entweder durch entsprechende Bearbeitung der Teile oder durch Anstellung erreicht. In dem ersteren Falle ist die Passung und die Lagerluft entsprechend aufeinander abzustimmen. In dem zweiten Fall ergibt sich das Führungsspiel aus der Handhabung beim Einbau.

Wenn die Gehäuse in irgendeiner Weise fest miteinander verbunden sind, genügen zur radialen Führung der Welle meistens zwei Lager (Abb. 75). Bei mehr als zwei Wälzlagern auf einem verhältnismäßig kurzen Wellenstück ist ein gleichmäßiges Tragen aller Lager im allgemeinen nicht zu erzielen. Man verwendet eine solche Anordnung nur in Ausnahmefällen, wenn z. B. die Biegung oder Federung begrenzt werden soll.

Bei den meisten Straßen- und Vollbahnfahrzeugen ist das Wagengewicht federnd auf den Achsbuchsgehäusen abgestützt. In überhöhten Kurven oder beim Fahren über Weichen und Schienenstöße treten so große Schiefstellungen auf, daß *ein* Lager wegen seiner geringen Breite selten genügt, um die damit in Zusammenhang stehenden Kippkräfte ohne Gefahr für eine baldige Zerstörung aufzunehmen.

Meistens werden mit Rücksicht auf die gegebenen Verhältnisse oder wegen der großen Luft in den Führungen zwei Lager benutzt (Abb. 76).

Die gleichmäßige Druckverteilung ist in diesem Falle dadurch gewährleistet, daß die Gehäuse unter der Feder ihre Lage etwas verändern können. Bei Walzwerken ist dies dadurch erreicht, daß eine dachförmige oder kugelige Fläche des Einbaustücks auf einer ebenen Fläche ruht (Abb. 77).

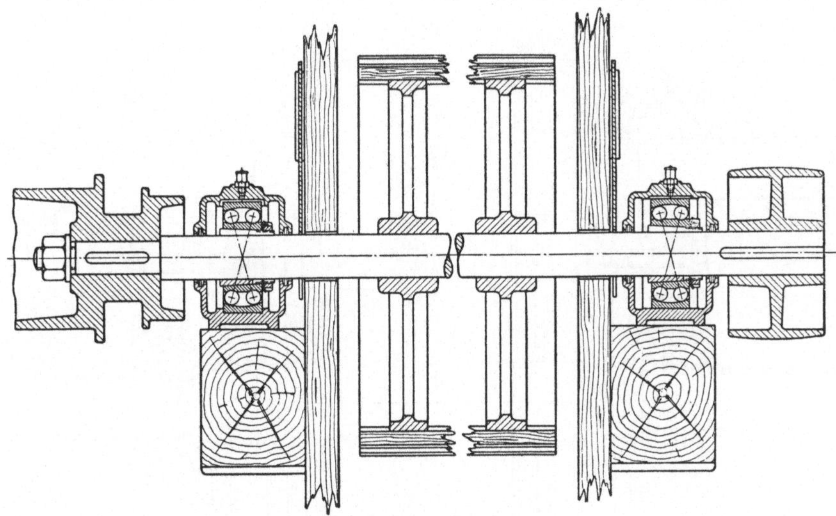

Abb. 78. Lagerung einer Dreschtrommel.

Da die Lage der sich drehenden Wellen, abgesehen von wenigen Fällen, von zwei Lagern bestimmt wird, ist es notwendig, dafür zu sorgen, daß die Achsen der Lager möglichst genau zusammenfallen. Auch eine versetzte, aber parallele Lage der Achsen der Gehäusesitzflächen bedingt eine gewisse geneigte Lage der Wellenachse. Die Folge davon ist, daß die auf der Welle sitzenden Rollbahnringe eine schiefe Stellung zu den Außenringen einnehmen. Dieser Zustand kann je nach der Größe der Abweichung und je nach der Lagerart, erhebliche Zusatzbelastungen hervorrufen. Bei Zylinderrollen mit zylindrischen Rollbahnen und Kegelrollenlagern mit rein kegeligen Rollbahnen sind auch bei der geringsten Schiefstellung Kantenbelastungen unvermeidlich. Es ist daher notwendig, bei Anwendung dieser Lager auf ein genaues Fluchten der Gehäusebohrungen zu achten. Rillenkugellager gestatten, je nach der Luft, eine gewisse geringe Winkelbeweglichkeit des einen Rollbahnringes gegenüber dem anderen. Ein noch größeres Schwenken gestatten Zylinder- oder Kegelrollenlager mit einer balligen Rollbahn. Am günstigsten sind Pendellager, bei denen eine Schiefstellung des sich drehenden Innenringes gegenüber dem Außenring in gewissen Grenzen zulässig ist.

In vielen Fällen ist es schwierig, wenn nicht unmöglich, ein genaues Fluchten der Gehäusebohrungen zu erreichen. Ein solcher Fall liegt vor, wenn zwei Gehäuse auf unabhängig voneinander montierten Sohlplatten oder anderen Unterlagen stehen (Abb. 78).

Sowohl die Höhe als auch die Neigung der Auflageflächen können voneinander abweichen. Außerdem ist der Unterschied in der Bauhöhe der Gehäuse meistens für die Lager unzulässig groß. Diese Fehler müssen in Kauf genommen werden, da sowohl die Bearbeitung und Montage der Sohlplatten und Unterlagen als auch die Herstellung der Gehäuse eine verhältnismäßig große Toleranz erfordern. Es wäre zwecklos in dieser Beziehung besonders scharfe Vorschriften zu machen, wenn nicht gleichzeitig auch die Lage in der Horizontalebene genau bestimmt würde. Dies ist jedoch in der notwendigen Genauigkeit nicht möglich.

Die bei der Montage für das Ausrichten der Gehäuse zur Verfügung stehenden Hilfsmittel genügen bei weitem nicht, um starre Lager — Rillenkugellager oder gar Zylinderrollenlager mit zylindrischen Rollbahnen — verwenden zu können.

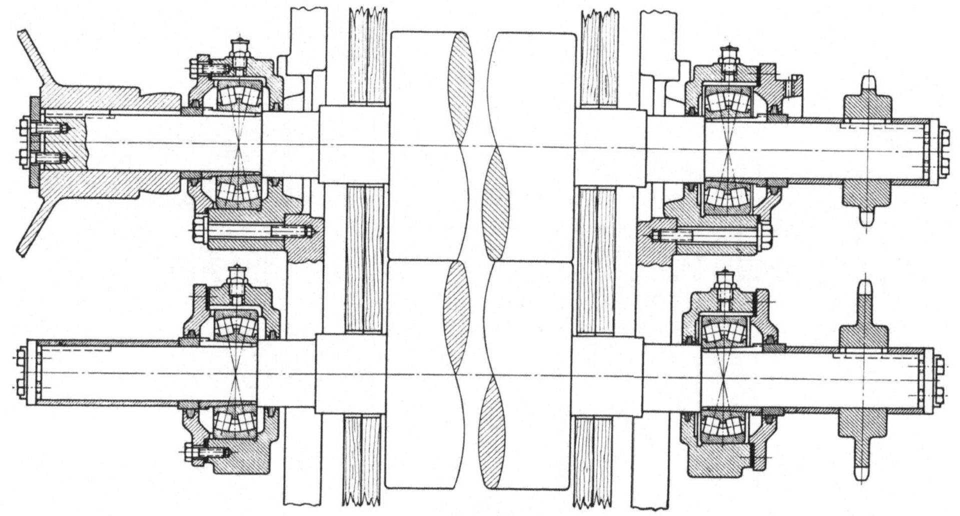

Abb. 79. Lagerung eines Walzenstuhles.

Bei angeflanschten oder in besonderen Bügeln liegenden Gehäusen (Abb. 79) muß immer mit einer Verlagerung der Achsen gerechnet werden, trotz der vorgesehenen Zentrieransätze, vor allen Dingen, wenn der Rahmen aus Blechen oder Holz besteht. Da sowohl für die Zentrierflächen des Hauptkörpers als auch für die Zentrierflächen der Flanschgehäuse eine Toleranz vorgesehen werden muß, kann eine Versetzung der Achsen der Sitzflächen um die Summe der halben Toleranzbeträge eintreten, auch wenn die Zentrierfläche des Ansatzes und die Sitzfläche auf jeder Seite gleichachsig sind. Ein weiterer Einfluß auf die Lage der Achsen ist noch dadurch zu erwarten, daß die seitlichen Anlageflächen nicht winklig stehen zu den Gehäusebohrungen.

Die Erzielung einer genauen Gleichachsigkeit ist auch dann schwierig, wenn die Lagersitzflächen in *einem* Gehäusekörper liegen, aber keine einheitliche Fläche darstellen, sondern unabhängig voneinander bearbeitet werden müssen, oder wenn die Bearbeitung nicht in einer Aufspannung erfolgen kann. In diesem Falle muß nicht nur mit dem Toleranzunterschied der Bohrungen und einem eventuellen Fehler durch die Führung der Arbeitsspindel gerechnet werden, sondern auch mit den Abweichungen, die mit der Zentrierung des Arbeitsstückes bei der Umspannung zusammenhängen.

Die Gleichachsigkeit der Sitzflächen kann selbst für starre Lager als genügend betrachtet werden, wenn sie eine einzige Fläche ohne Absätze und Durchmesserunterschiede darstellen, wie z. B. bei der Bauart einer Achsbuchse nach Abb. 80. Der einzige Fehler, der möglich ist, abgesehen von dem Unterschied in der Profilhöhe der Lager, besteht in einer eventuellen Konizität der Bohrung. Diese ist jedoch leicht nachprüfbar und kann, da sie von der Genauigkeit der Arbeitsmaschine abhängt, verbessert werden. Wenn man starre Lager verwenden will oder muß, sollte daher immer versucht werden, die Gehäuse- und Wellensitzflächen so anzuordnen, daß eine fortlaufende Bearbeitung beider Flächen erfolgen kann. Im Betrieb kann dieser Zustand allerdings im ungünstigsten Sinne gestört werden. Die Biegung der Welle oder des Zapfens führt zu einer Schiefstellung der Innenringe gegenüber den Außenringen und damit, je nach der Höhe der Last zu einer Vergrößerung der Beanspruchung in Rillenkugellagern und ganz besonders in Rollenlagern mit rein zylindrischen oder kegeligen Rollbahnen. Je nach dem Grad der Biegung sollten daher schwenkbare Lager Verwendung finden, wenn es nicht vorgezogen wird, aus irgendwelchen Gründen die Welle oder den Zapfen zu verstärken. Wenn die Lagergehäuse auf voneinander unabhängigen Unterlagen stehen, muß damit gerechnet werden, daß im Laufe der Zeit Veränderungen eintreten, entweder infolge Nachgebens oder Schrumpfens der Unterlage wie bei Holzbauten oder durch Verziehen von Eisenkonstruktionen unter von außen wirkenden Kräften. Da die dadurch hervorgerufenen Verlagerungen beträchtliche Werte annehmen können, müssen auch aus diesem Grunde, ohne Berücksichtigung der sonstigen Einflüsse schwenkbare Lager zur Verwendung kommen.

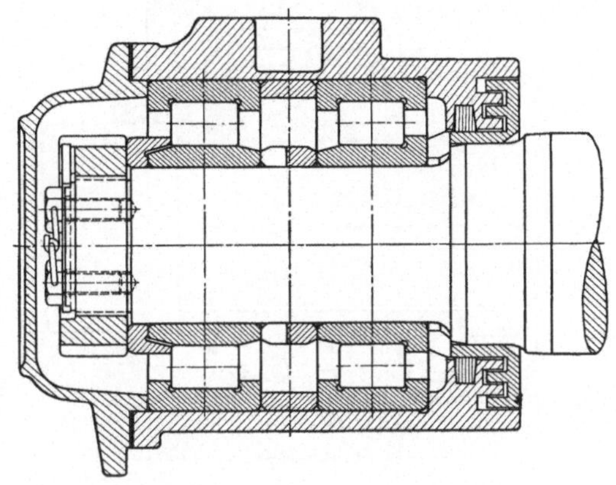

Abb. 80. Achslager für Straßenbahnwagen mit zwei Zylinderrollenlagern.

Es gibt bisher keine in der Praxis verwendbare, genügend genaue Methode, um das Fluchten von Gehäusebohrungen zu messen. Man ist entweder auf ein umständliches Ausrichten oder auf die genaue Bearbeitung der einzelnen Teile angewiesen. Man sollte daher in allen Fällen, wo irgendwelche Bedenken bestehen, zu der Verwendung von Pendellagern greifen.

2,22. Axiale Führung.

Die Verwendung besonderer Axiallager ist heute nur noch in seltenen Fällen notwendig, nachdem Radiallager zur Verfügung stehen, die auch hohe axiale Kräfte aufnehmen können. Bei einer Lagerung mit zwei „geschlossenen“ Lagern verwendet man in überwiegendem Maße mit Rücksicht auf die Unterschiede in der Wärmedehnung von Welle und Gehäuse, wegen der unvermeidlichen Herstellungstoleranz und den möglichen Fehlern beim Zusammenbau, wenn das axiale Spiel nicht auf ein sehr geringes Maß begrenzt werden muß, zweckmäßig einen Einbau nach Abb. 81. Das eine Lager ist axial nach beiden Richtungen durch Anlageflächen begrenzt (Führungslager-Festlager), während das andere Lager im Gehäuse axial in ziemlich weiten Grenzen verschiebbar ist (Dehnungslager-Loslager). Bei

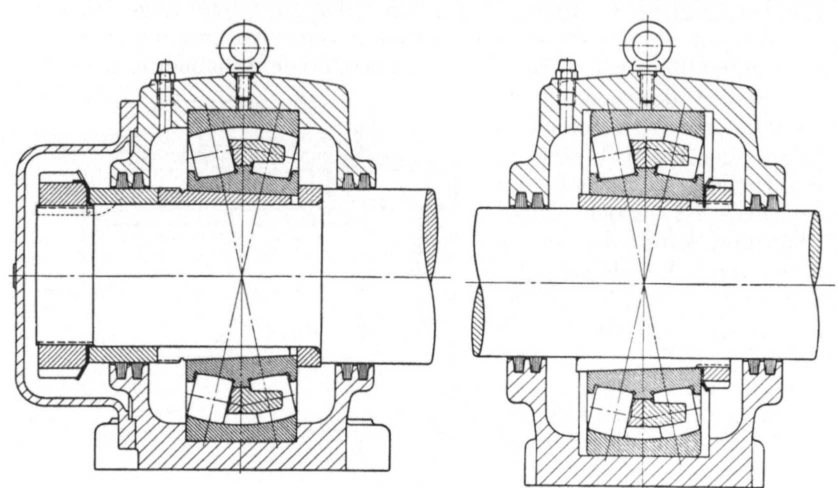

Abb. 81. Stehlager für Holzhackmaschine.

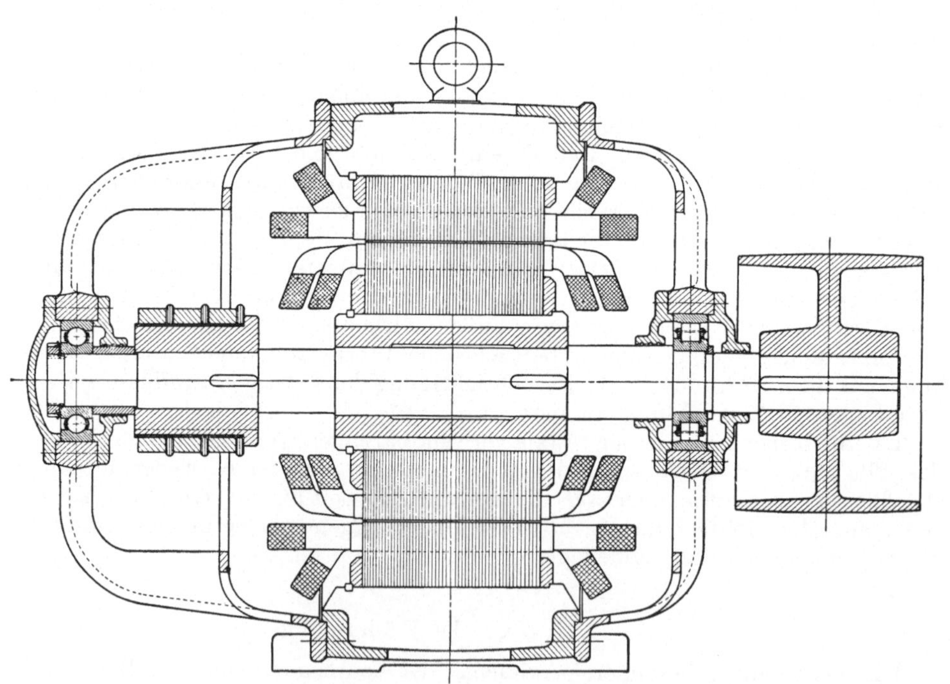

Abb. 82. Lagerung eines Drehstrommotors.

Verwendung von geteilten Stehlagern ohne seitliche Deckel sind diese Grenzen durch die seitlichen Schulterflächen des Gehäuses gegeben, deren Entfernung so groß sein muß, daß der Außenring nicht zur Anlage kommt. Um die Welle in axialer Richtung zu führen, wird ein Lager entweder unmittelbar durch die Schulterflächen oder durch entsprechende Abstandsringe festgelegt. Diese Anordnung der Lager kann nur dort verwendet werden, wo eine gewisse Luft (0,1—0,2 mm auf jeder Seite) zulässig ist. Auch bei Gehäusen mit einteiligem Tragkörper verzichtet man meistens auf ein Festspannen des Außenringes, da dann die Deckelflanschen ohne Dichtung anliegen können. Wenn die Außenringe Preßsitz erhalten müssen, ist dafür zu sorgen, daß ein Innenring auf beiden Seiten mit Luft eingebaut wird, um einer Verklemmung durch Wärmedehnungen vorzubeugen.

Wenn die Belastung an der einen Lagerstelle höher ist als an der anderen oder die Betriebsverhältnisse einen festen Sitz beider Rollbahnringe bedingen, benutzt man neben einem „geschlossenen" Lager zweckmäßigerweise ein Zylinderrollenlager mit einem äußeren oder inneren Ring ohne Borde (Abb. 82).

Die bordfreien Rollbahnringe gestatten den Rollen und damit der Welle eine verhältnismäßig große axiale Bewegung.

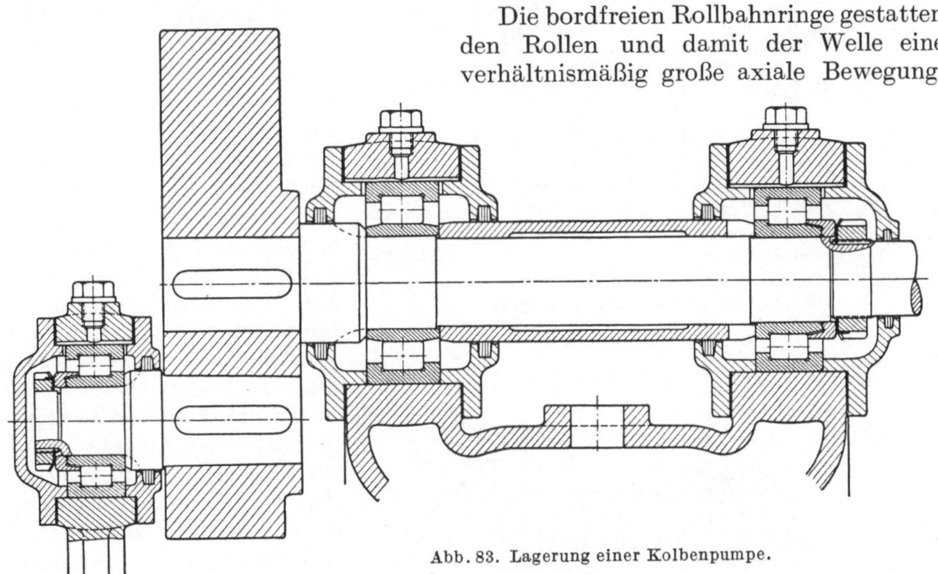

Abb. 83. Lagerung einer Kolbenpumpe.

Als „geschlossenes" Lager wirkt im eingebauten Zustande auch ein Zylinderrollenlager mit drei festen Borden und einem Bordring, bei welchem die Rollen entweder in dem einen oder anderen Rollbahnring geführt werden (Abb. 83). Das axiale Spiel der Welle ist bei diesen Lagern nur von der Verschiebungsmöglichkeit des einen Rollbahnringes gegenüber dem anderen abhängig, da beide seitlich gehalten werden müssen.

Bei großen Temperaturunterschieden und bei großem Lagerabstand, z. B. bei Trockenzylindern von Papiermaschinen, kann auf die Ausdehnung von vornherein dadurch Rücksicht genommen werden, daß die Rollbahnringe des Zylinderrollenlagers seitlich um den Betrag der Ausdehnung versetzt werden. Wenn sich die Welle dreht, geht die allmähliche Verschiebung fast widerstandslos vor sich. Erfolgt die seitliche Bewegung aber bei Stillstand der Maschine, dann besteht die Gefahr, daß die Rollen auf den Rollbahnen fressen. Es ist immer notwendig die Loslager genau mit dem Führungslager auszurichten. Falls die Achsen schief zueinander stehen, wird der Widerstand gegen axiale Verschiebung wesentlich höher.

Die normalen Axialkugellager können in radialer Richtung keine Kräfte aufnehmen. Sie sind daher nur zur Führung der Welle in Längsrichtung geeignet. Für die radiale Festlegung müssen besondere Radiallager vorgesehen werden. Ist der Axialdruck mit Sicherheit nur nach einer Seite gerichtet, genügt ein Lager mit zwei Scheiben (Abb. 84). Wenn auch in der anderen Richtung geringe Drücke auftreten, muß ein Radiallager mit zur Führung herangezogen werden. Für hohe Belastung in beiden Richtungen kann entweder für jede Seite je ein Lager mit zwei Scheiben oder ein zweiseitig wirkendes Lager mit drei Scheiben eingebaut werden (Abb. 85).

Ein einwandfreier Lauf der Axiallager ist nur zu erzielen, wenn die Achsen der Scheiben genau zusammenfallen. Bei kleinen Lagern rechnet man damit, daß sich die Scheiben unter der Belastung selbst zentrieren. Die stillstehende, im Gehäuse aufliegende Scheibe (Gehäusescheibe) oder die Unterlagscheibe erhält daher eine gewisse radiale Luft (Abb. 84). Bei großen Lagern und horizontaler Welle ist aber eine Zentrierung der feststehenden Scheibe erforderlich, weil nicht anzunehmen ist, daß die Belastung eine genügende Ausrichtung herbeiführen kann. Die Zentrierflächen müssen dann sehr genau bearbeitet werden, um eine Beschädigung des Lagers zu vermeiden. Wenn die Welle in Gleitlagern geführt wird, besteht Gefahr für eine Verlagerung der beiden Scheiben um das Lagerspiel. Deshalb empfiehlt sich in solchen Fällen die Anwendung eines Axialkegelrollenlagers mit ebener Rollbahn der Gehäusescheibe (Abb. 39).

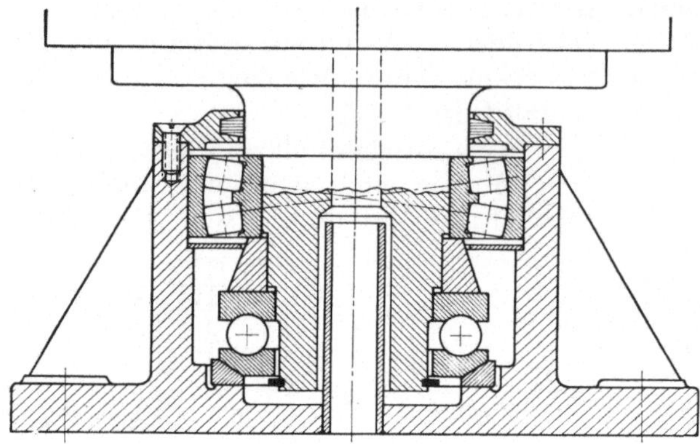

Abb. 84. Fußlager eines Schwenkkrans.

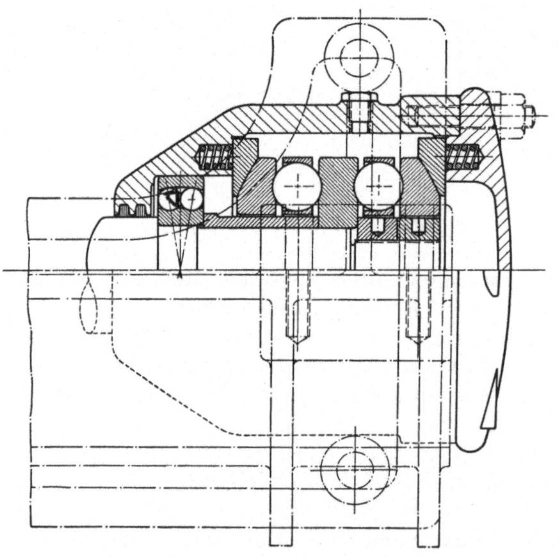

Abb. 85. Lagerung einer Maischmaschine.

Es ist erforderlich, daß beide Axiallagerscheiben möglichst genau parallel und senkrecht zur Welle stehen, da schon eine ganz geringe Abweichung in der Größenordnung der Sortierungstoleranz der Rollkörper eine einseitige Belastung zur Folge hat. Die nicht belasteten Kugeln gleiten auf der Rollbahn und rufen dort Anfressungen hervor. Aus diesem Grunde benutzt man in den Fällen, wo mit einer Abweichung von der winkelrechten Lage der Auflagefläche gerechnet werden muß, eine ballige Scheibe, die entweder direkt in einem entsprechend geformten Gehäuse oder auf einer besonderen Unterlagscheibe ruht (Abb. 84).

Auch diese Anordnung kann zu Schwierigkeiten führen, wenn die sich drehende Wellenscheibe nicht winkelrecht steht und unter der einseitigen Belastung eine dauernde Einstellung der balligen Scheibe hervorgerufen wird. Dann können die balligen Flächen aufeinander fressen und Gleitrisse entstehen. Dieser Fehler kann nur durch das Axialpendelrollenlager ausgeglichen werden (Abb. 40).

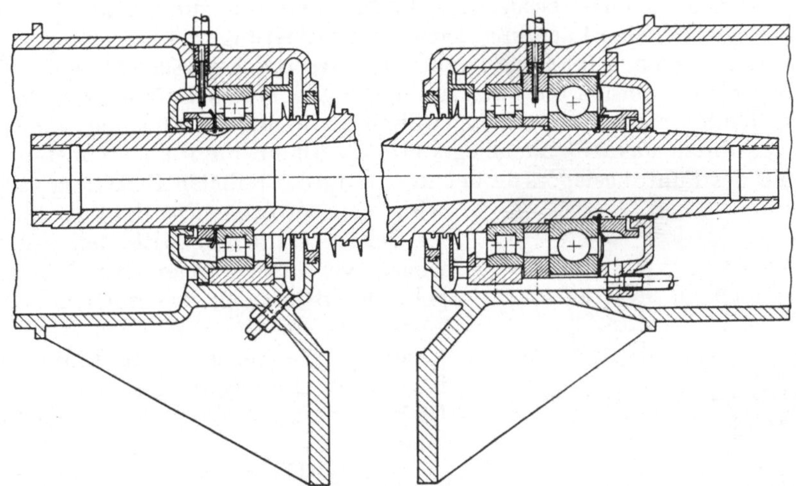

Abb. 86. Lagerung einer kleinen Dampfturbine.

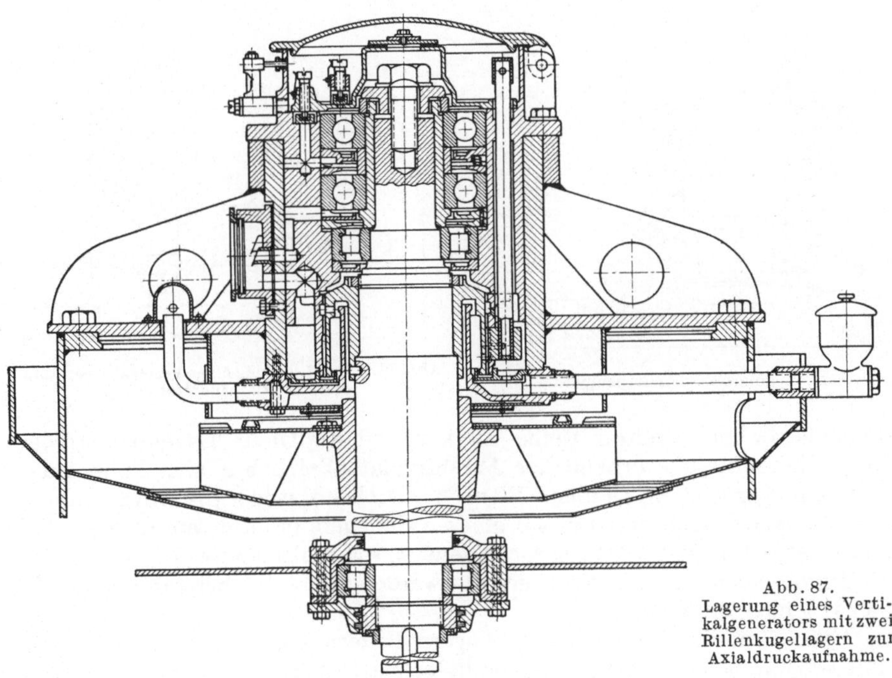

Abb. 87. Lagerung eines Vertikalgenerators mit zwei Rillenkugellagern zur Axialdruckaufnahme.

Die Axiallager dürfen weder verspannt noch zu lose angestellt werden. Eine Verklemmung der Lager bewirkt eine Temperatursteigerung und zusätzliche Belastung, die die Lebensdauer herabsetzt. Ein zu großes Spiel führt bei horizontaler Lage der Welle zum Durchsacken der Gehäusescheibe oder des Käfigs, sobald die

Belastung ihre Richtung ändert. Aus diesem Grunde verwendet man in solchen Fällen mehrere Federn (Abb. 85), welche die Scheiben beim Wechsel der Druckrichtung zusammenhalten.

Die Verwendung eines besonderen Radiallagers nur zur axialen Führung ermöglicht eine einfachere Lagerung, leichtere Bearbeitung und bequemeren Einbau. Diese Lagerart ist auch für hohe Drehzahlen wesentlich besser geeignet als Axiallager. In Abb. 86 werden die quer zur Achse gerichteten Drücke von den beiden Zylinderrollenlagern aufgenommen, während die axiale Führung nach beiden Richtungen durch das Rillenkugelager erfolgt. Damit unter allen Umständen eine Teilnahme des Führungslagers an der Aufnahme der radialen Belastung verhindert wird, sitzt der Außenring des Lagers mit Luft im Gehäuse. Um ein Mitlaufen des Außenringes, vor allen Dingen bei hin und her gehender Belastung, zu vermeiden, kann der Außenring in einen weichen Ring gepreßt werden, der seinerseits mit Luft eingebaut ist. Durch einen Stift, der in eine Nute des Ringes greift, wird dieser am Drehen gehindert.

Falls die Gleichachsigkeit der Lagerstellen zu wünschen übrig läßt, ist es zweckmäßig, ein Pendellager der breiten Reihe zu verwenden. Diese Lagerart ermöglicht ebenfalls die Aufnahme erheblicher Axialdrücke. Bei hoher Last kann auch ein Pendelrollenlager benutzt werden. Wenn die Drehzahl weder die Anwendung eines Pendelrollenlagers noch den Einbau eines Axiallagers erlaubt, ein einziges Rillenkugellager aber für die Belastung nicht genügt, schaltet man zwei Lager hintereinander. In diesem Falle muß dafür gesorgt werden, daß der Überstand beider Lager möglichst gleich groß ist.

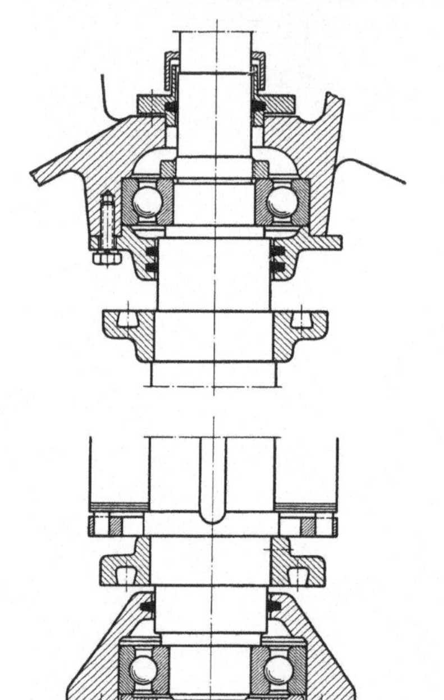

Abb. 88. Lagerung eines Tauchpumpenmotors.

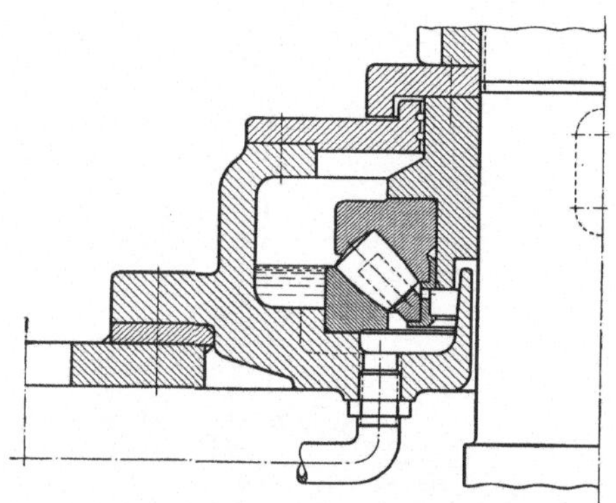

Abb. 89. Obere Lagerung eines Vertikalgenerators mit einem Axialpendelrollenlager.

In Abb. 87 sind zwischen beiden Lagern Federn angeordnet, deren Stärke so gewählt ist, daß jedes Lager gerade die halbe Last erhält. Abb. 88 zeigt die Lagerung der senkrechten Welle eines Tauchpumpenmotors; der Läufer ist in einem einreihigen Rillenkugellager aufgehängt, das auch die radiale Führung übernimmt. Da aber das obere Lager zur Aufnahme der senkrechten Kräfte dient, wird ihm die halbe Last durch das gleich große untere Lager abgenommen, indem der Außenring desselben durch mehrere kleine Schraubenfedern nach oben gedrückt wird.

Bei schweren senkrechten Wellen verwendet man neuerdings Axialpendelrollenlager gemäß Abb. 89. Das Lager kann meistens auch die wesentlich geringeren Radialkräfte mit aufnehmen. Das Gehäuse ist für Ölschmierung eingerichtet. Ein Ölstandkragen verhindert den Ölaustritt nach unten. Im Stillstand tauchen die Rollen ungefähr zur Hälfte in das Ölbad ein, im Betrieb zirkuliert das Öl ständig, da es vom Lager nach außen geschleudert wird und von unten dem Lager wieder zufließt. Gehäuse und Wellenscheibe müssen feste Sitze erhalten.

Falls die Anordnung eines Axiallagers oder die Unterbringung eines besonderen Radiallagers für die axiale Führung der Welle nicht möglich ist, kann man zwei paarweise eingebaute Kegelrollenlager in Verbindung mit einem dritten Lagersystem als Loslager verwenden (Abb. 90).

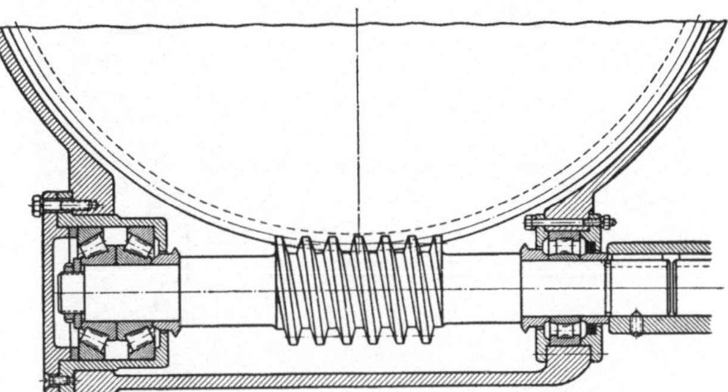

Abb. 90. Lagerung der Schneckenwelle einer Schiffswinde.

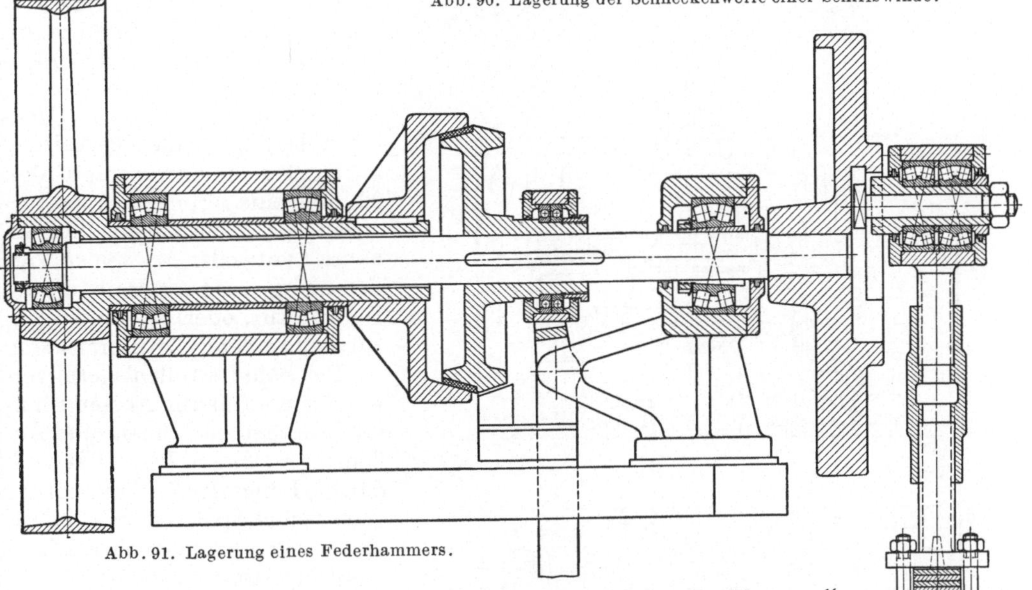

Abb. 91. Lagerung eines Federhammers.

In einigen Fällen kann es zweckmäßig sein, zwei „geschlossene“ Radiallager wechselseitig an der Führung in Achrichtung zu beteiligen; Voraussetzung dafür ist aber ein geringer Abstand der beiden Lager. Bei der Lagerung eines Federhammers (Abb. 91) ruht die Welle in einem Fest- und Loslager, während die beiden Kupplungshälften und der Federhammer in je zwei „geschlossenen“ Radiallagern so gelagert sind, daß jedes Lager nach einer Seite die Führung übernimmt. Um eine axiale Verklemmung der Lager zu vermeiden, muß die Entfernung der äußeren Seitenflächen der Lager etwa 0,2 mm kleiner sein, als das Maß zwischen den Schulterflächen.

Zwei nach einer Seite „offene“ Lager, z. B. Schulterkugellager, Schulterrollenlager, Schrägkugellager oder Kegelrollenlager, müssen, abgesehen von Sonderfällen,

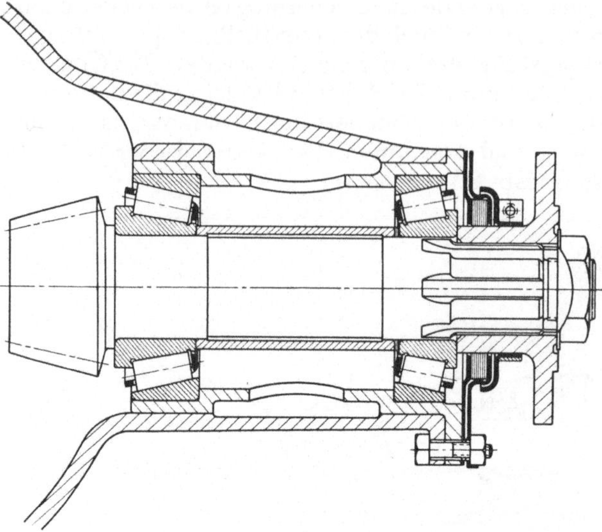

Abb. 92. Ritzellagerung eines Kraftwagens.

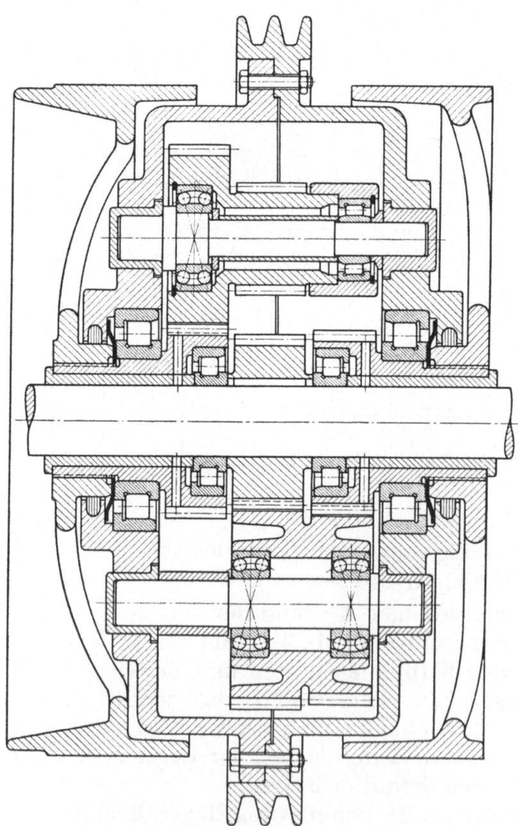

Abb. 93. Differentialgetriebe eines Selfaktors.

immer gemeinsam die radiale und axiale Führung übernehmen, das eine nach der einen Seite, das andere nach der anderen Seite. Zwischen diesen Lagerarten besteht insofern ein Unterschied, als eine geringe Verschiebung des einen Rollbahnringes gegenüber dem anderen in axialer Richtung bei Schrägkugellagern und Kegelrollenlagern gleichzeitig die radiale Luft verändert, während bei Schulterkugellagern und Schulterrollenlagern durch eine Verschiebung in Achsrichtung eine solche Wirkung nicht hervorgerufen wird. Bei Schulterkugellagern ist dies erst dann der Fall, wenn die Kugeln an die Schultern gepreßt werden und die Verbindungslinie der Berührungspunkte am Innen- und Außenring eine geneigte Lage einnimmt.

Die einseitig „offenen" Bauarten bedingen einen verhältnismäßig kleinen Lagerabstand (Abb. 92), weil eine geringe Temperaturdifferenz zwischen Welle und Gehäuse entweder zu einer Verklemmung, also hoher Reibung und Temperatur, oder zu einem unzulässig großem Spiel führen kann.

Bei Schulterrollenlagern verwendet man häufig Abstandshülsen zwischen den Innen- und Außenringen, die so bemessen sind, daß die Länge der Büchsen um das gewünschte Spiel verschieden ist. Es ist aber auch möglich, die Rollbahnringe so zu versetzen (Abb. 93), daß eine Verklemmung nicht zu befürchten ist.

Für Kegelrollenlager und Schrägkugellager lassen sich solche Anordnungen nur schwer verwenden, weil die Toleranz der Gesamtbreite des Lagers wegen der geneigten Rollbahnen zu großen Schwankungen unterliegt und die Einschränkung der Breitentoleranz eine erhebliche Verteuerung bedeuten würde. Auch das Zupassen einzelner Zwischenbüchsen ist schwierig und mit hohen Kosten verbunden. Man sollte daher bei diesen Lagerarten die axiale Anstellung immer durch Schrauben, Muttern oder dünne Bleche vornehmen, die

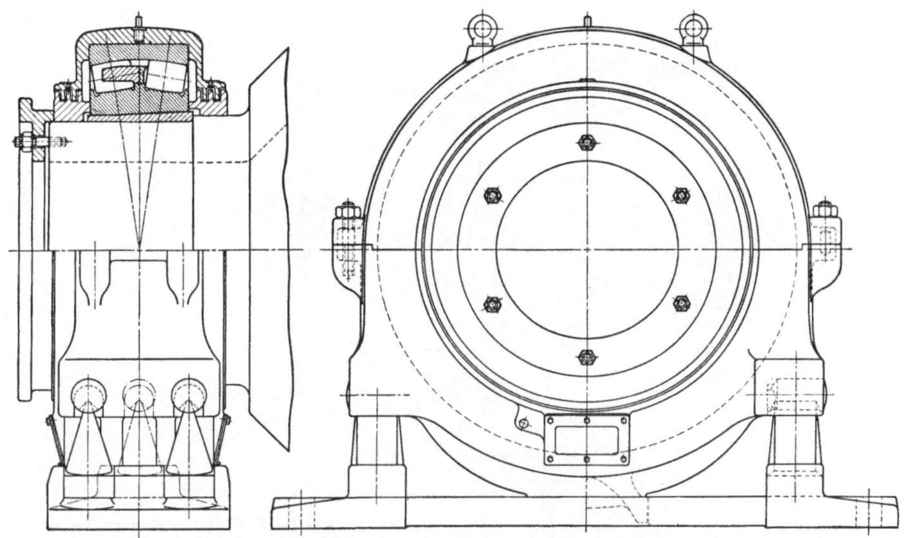

Abb. 94. Halslager einer Rohrmühle auf Schneiden.

in ihrer Dicke so abgestuft sind, daß eine genügend genaue Einstellung möglich wird. Bei Schulterkugellagern und Rillenlagern ist eine federnde Anstellung zu empfehlen, wenn ein kleines Spiel oder ein geräuschschwacher Lauf erzielt werden

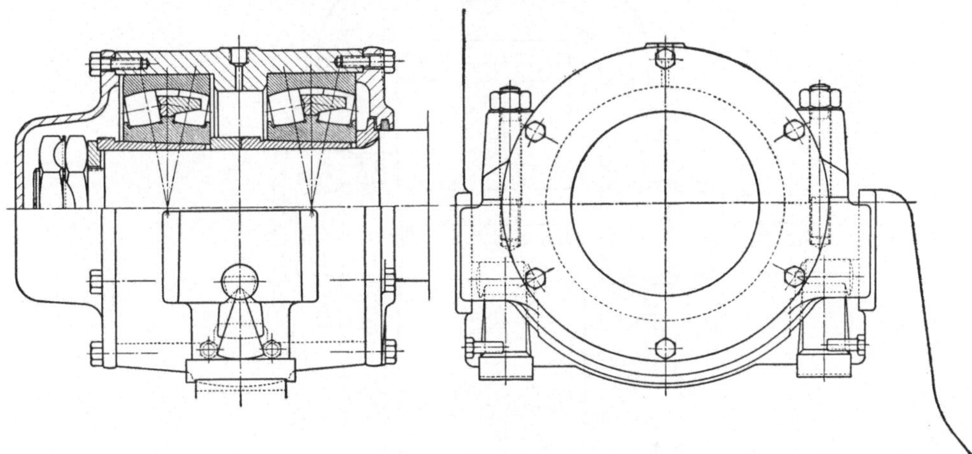

Abb. 95. Lagerung der Unterwalze eines Kalanders auf Schneiden. (Loslagerseite.)

soll. Auch bei Kegellagern kann man Vorrichtungen verwenden, die eine allzu große Vorspannung der Lager ausschließen. Im allgemeinen sind jedoch derartige Maßnahmen nicht erforderlich, da die Arbeiter nach verhältnismäßig kurzer Zeit über eine genügende Übung bei der Anstellung solcher Lager verfügen.

Beim Verschieben der Außenringe „geschlossener“ Radiallager treten Reibkräfte auf, die eine zusätzliche Belastung hervorrufen. Bei starken Wärme-

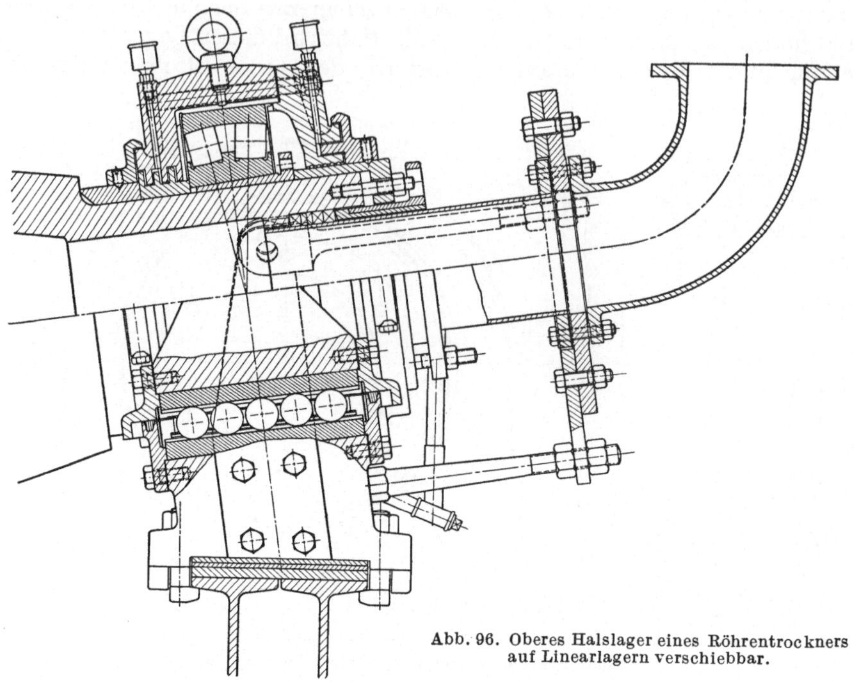

Abb. 96. Oberes Halslager eines Röhrentrockners auf Linearlagern verschiebbar.

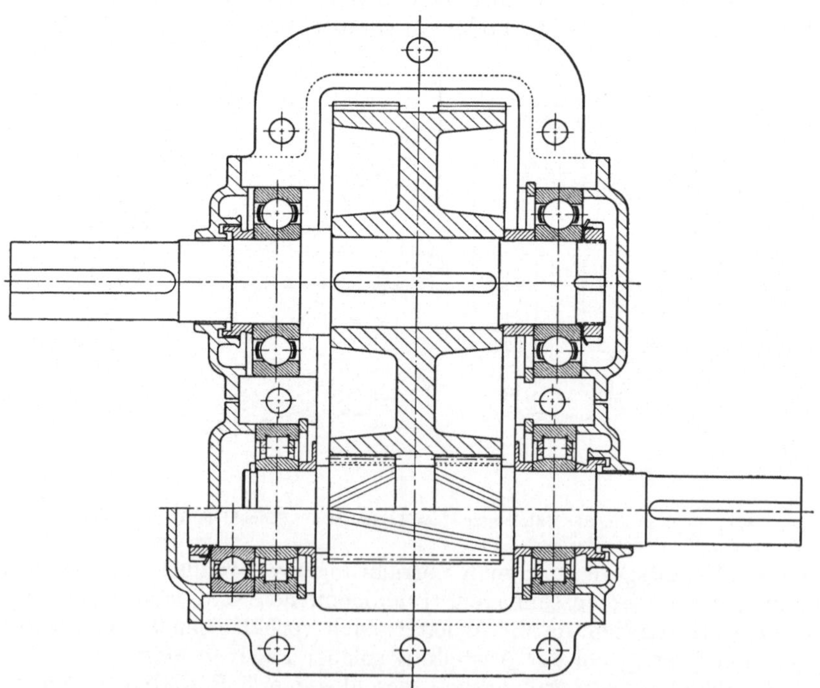

Abb. 97. Stirnradgetriebe mit Schräg- oder Pfeilverzahnung.

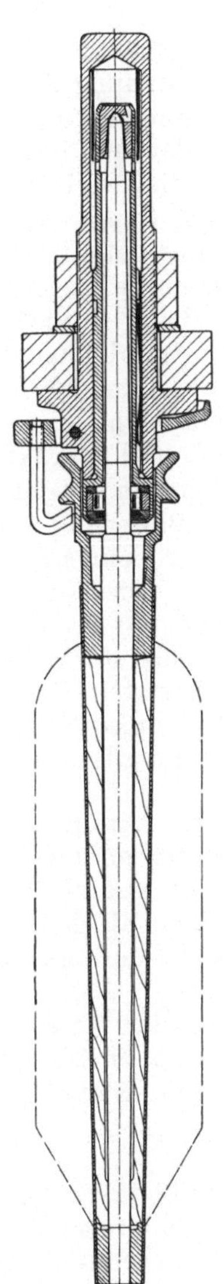

Abb. 98.
Lagerung einer SKF-Norma-Spinnspindel.

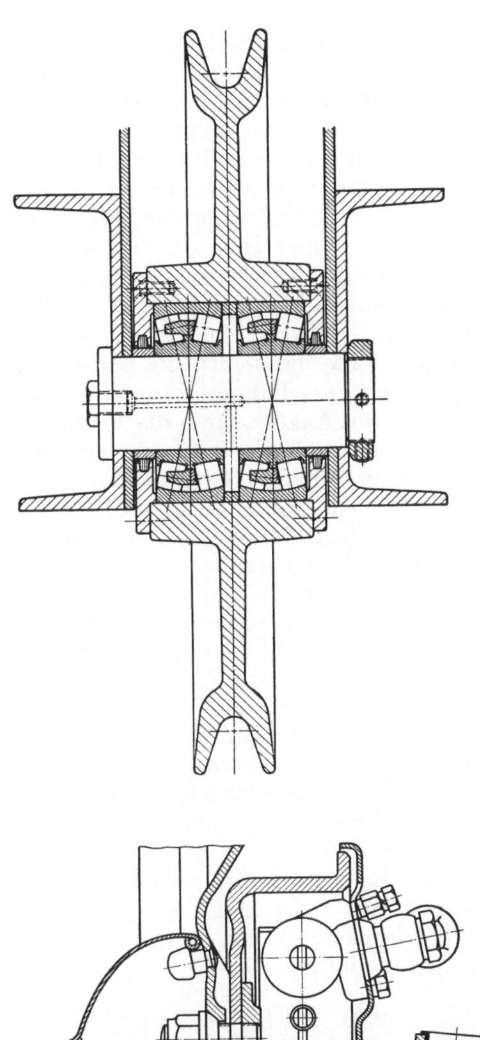

dehnungen und Lagern mit verhältnismäßig geringer Breite können diese Drücke so hoch werden, daß ein Kippen der Außenringe zu befürchten ist. Derartige Schwierigkeiten können durch eine Anordnung vermieden werden, bei welcher das Gehäuse auf drei Schneiden ruht, die einen Zylinderausschnitt darstellen (Abb. 94). Die obere abge-

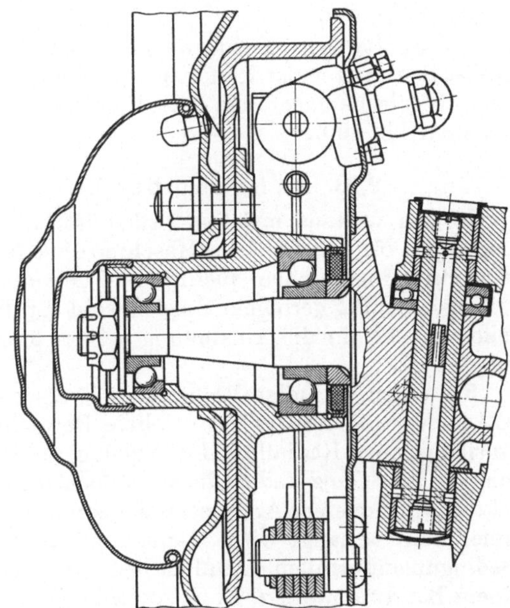

Abb. 100. Vorderradlagerung eines Personenkraftwagens mit zwei Schrägkugellagern.

rundete Kante der Schneide liegt in einem entsprechend geformten Druckstück, die Zylinderfläche ruht auf einer ebenen Platte. Die Rundung der Kante und die Zylinderfläche haben die gleiche Achse. Alle Teile bestehen aus Chromstahl und sind wie Rollkörper gehärtet. Da sich die Schneiden auf ihrer Unterlage abwälzen, erfolgt die seitliche Bewegung des Einbaustückes infolge Wärmedehnung — bei zwei Schneiden (Abb. 95) auch die Einstellung — bei geringem Widerstand ohne Änderung der Höhenlage und vollkommen stoßfrei. Schneiden sollten daher immer gewählt werden, wenn es sich um große Lager, also große Lasten und große Verschiebungen handelt. Die sog. Linearlager (Abb. 96) erlauben zwar eine axiale Bewegung, aber keine Einstellung bei zwei Lagern in einem Gehäuse. Außerdem ist eine sehr sorgfältige Bearbeitung der Unterlage erforderlich.

Es gibt Fälle, bei denen die axiale Führung der Welle nicht durch die Lager erfolgen kann. Bei Bahnmotoren mit zweiseitigem Abtrieb und Schrägverzahnung ist die Lage des Ankers durch die Verzahnung gegeben. Um den Eingriff der Zähne nicht zu stören, müssen die Lager eine genügende axiale Bewegung zulassen. Zu diesem Zweck hat man Schulterrollenlager mit genügend großem Axialspiel angeordnet. Ähnliche Maßnahmen sind bei Pfeilverzahnung erforderlich. Auch diese bestimmt die Lage der Welle nach beiden Richtungen (Abb. 97).

Einen Sonderfall stellt auch die Lagerung der Spinnspindel dar (Abb. 98). Die Spindel ruht unten mit ihrer Kegelspitze in einem gehärteten Führungsstück. Unter dem Wirtel sitzt ein Lager, dessen Rollen unmittelbar auf der gehärteten Spindel laufen. Als Sicherung gegen zu große axiale Bewegung ist ein Haken vorgesehen, der hinter einen Flansch des Wirtels faßt.

Bei Losrädern von Förderwagen, bei Vorderrädern von Automobilen, bei der Lagerung von Rädern für Straßenfuhrwerke sowie bei Laufrollen und Losscheiben müssen die Lager die Führung der Nabe übernehmen. Grundsätzlich treffen für diese Anordnung die gleichen Überlegungen zu wie für den Fall der sich drehenden Welle. Das axiale Spiel kann an den lose sitzenden Innenringen vorgesehen werden (Abb. 99).

Bei Kraftwagen, Förderwagen und Fuhrwerken besteht der Wunsch, ein allzu großes Schwanken der Räder zu verhindern. Man verwendet daher Schrägkugellager oder Kegelrollenlager, die eine Einstellung der radialen und axialen Luft ermöglichen (Abb. 100).

2,23. Führung bei besonders kleinem Spiel.

In den weitaus meisten Fällen ist ein, wenn auch verhältnismäßig geringes Lagerspiel für den Lauf der Maschine ohne Nachteil oder sogar wünschenswert. Oft wird ein gewisses Lagerspiel in Kauf genommen, weil die Erzielung einer Lagerung mit gleichmäßig geringem Spiel sowohl für die Herstellung der Lager und Zubehörteile als auch für die Einstellung bei der Montage mit großen Schwierigkeiten verbunden ist.

Für einen normalen Elektromotor, der z. B. eine Transmission antreibt, ist gewiß keine besonders geringe radiale Beweglichkeit des Ankers erforderlich, da die an sich geringe Radialluft der Wälzlager ohne Einwirkung auf den Lauf der Transmission ist. Ganz anders liegen jedoch die Verhältnisse, wenn ein Motor zum direkten Antrieb einer Arbeitsspindel benutzt werden soll, von der ein erschütterungsfreier Lauf verlangt wird. Dann muß natürlich auch die Ankerwelle die gleichen Bedingungen erfüllen. Ähnlich liegen die Verhältnisse auf anderen Gebieten. Bei einem Bandwalzwerk z. B. ist sowohl das radiale als auch das axiale Spiel ohne Bedeutung. Für ein Profilwalzwerk dagegen muß die Lagerung axial möglichst spielfrei sein, weil eine genaue Führung in Achsrichtung notwendig ist.

Es ist zwar möglich, ein einzelnes Lager ohne Luft herzustellen. Es ist jedoch schwer, ein sehr geringes Spiel bei einer „Lagerung" nur mit fabrikatorischen Mitteln zu erreichen, da die Luft eines Lagers nach dem Einbau von der Passung abhängt und die Paßtoleranz selbst bei genauester Herstellung einen gewissen Betrag nicht unterschreiten kann. Es ist aber auch bedenklich, auf einen strammen Sitz der Rollbahnringe zu verzichten, weil bei losem Sitz der Rollbahnringe auf der Welle oder im Gehäuse die Gefahr des „Wanderns" besteht.

Eine Lagerung mit sehr geringem radialen und axialen Spiel kann bei beliebigem Austausch der Lager und Zubehörteile nicht durch Verfeinerung der Herstellungsgenauigkeit erzielt werden, sondern nur durch konstruktive Maßnahmen, die eine beliebige Veränderung der Lagerluft beim Zusammenbau oder eine automatische Beseitigung derselben gestatten entweder durch Veränderung des Durchmessers der Rollbahnen oder ihrer Lage.

Bei der ersten Methode werden die Innenringe mit kegeliger Bohrung versehen und mehr oder weniger weit auf die entsprechend kegelige Sitzfläche der Welle oder Hülse gedrückt; dabei wird der Ring geweitet und die Luft verkleinert. Bei Lagern mit zylindrischen Rollbahnen läßt sich nur dieser Einbau anwenden.

Die zweite Methode, die in einer Veränderung der axialen Lage der Rollbahnen zueinander besteht, kann bei den meisten anderen Lagerarten mit großem Vorteil benutzt werden. Dieses „Anstellen" erfolgt entweder mittels eines Gewindes mit geringer Steigung oder mittels einer Feder. Die zulässige Größe der sich dabei ergebenden Vorspannung ist abhängig von der axialen Tragfähigkeit der betreffenden Lager, die in dem Umrechnungsfaktor y zum Ausdruck kommt[1]. Die Vorspannung darf aber den Betrag nicht überschreiten, der die zugrunde gelegte Lebensdauer erwarten läßt. Am günstigsten sind für diesen Zweck Axiallager, Rillenlager, Schrägkugellager und Kegelrollenlager. In den weitaus meisten Fällen wird man sich auf das Gefühl und Geschick des betreffenden Arbeiters verlassen müssen. Bei ganz kleinen Lagern ist die Einstellung eines geringen Spiels besonders schwierig, da ihre statische Tragfähigkeit gering ist. Bei Überschreitung derselben treten dauernde Verformungen als kleine Dellen auf, die naturgemäß einen unruhigen Lauf zur Folge haben.

Im allgemeinen läßt sich die Vorspannung nicht feststellen, vor allen Dingen nicht im betriebsmäßigen Zustand. Man kann aber durch Zwischenschalten von Federn, deren Kraftwegdiagramm bekannt ist, die auftretende Vorspannung festlegen. Eine möglichst spielfreie Lagerung kann aus verschiedenen Gründen erwünscht sein.

Je höher die Drehzahl ist, um so wichtiger ist der genaue Zahneingriff bei allen Getrieben. Bei Stirnrädern spielt die Luft in Achsrichtung keine Rolle. Ein gewisser Betrag an radialer Luft ist sogar zweckmäßig, um unvermeidbare Herstellungsfehler ausgleichen zu können. Bei Kegelrädern ist die Lagerluft deshalb von Bedeutung, weil eines der Räder meistens fliegend angeordnet ist. Dann kippt die Achse in den Lagern, und der Ausschlag am Ritzel ist größer als die Lagerluft. Bogenverzahnte Räder sind ganz besonders empfindlich, weil sich die Druckrichtung ändern kann. Dies bedingt ein möglichst geringes Spiel. Zur Erreichung eines geräuschschwachen Laufes sollte also sowohl die Lagerung des Ritzels als auch die des Tellerrades (Abb. 101) möglichst starr sein, damit unzulässige Veränderungen im Zahneingriff verhindert werden. Abgesehen davon, daß das Tellerrad unter einseitiger Belastung federt und den Zahneingriff verändert, kann es auch um den Betrag des Betriebsspiels kippen. Eine Lagerung mit geringem Spiel ist daher für beide Räder erforderlich.

---

[1] Siehe Abschnitt 1,4.

Druckzylinder müssen möglichst rund und spielfrei laufen, wenn ein gleichmäßiger Druck erzielt werden soll. Zuerst wurden Zylinderrollenlager mit geringem Spiel benutzt. Dabei stieß man aber auf den unvermeidlichen Einfluß der Passung.

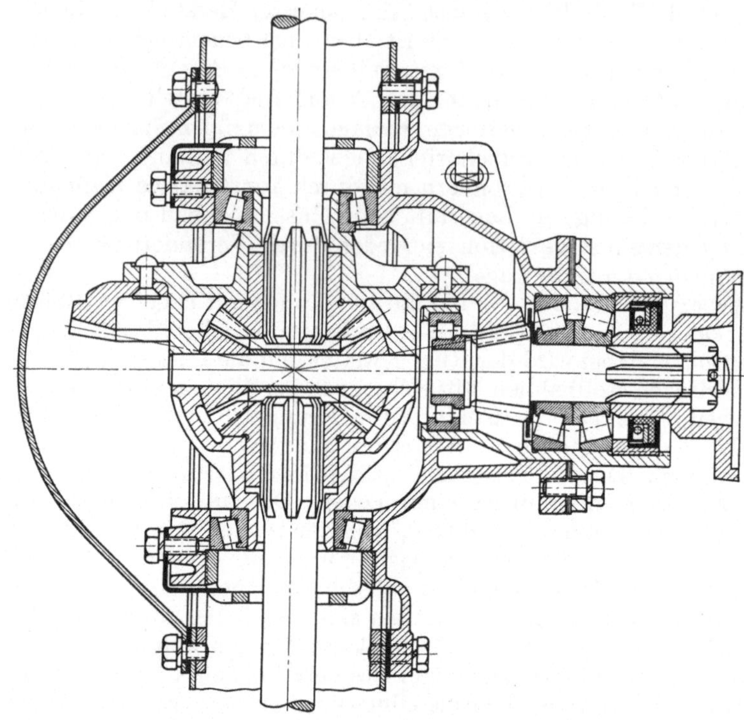

Abb. 101. Hinterachsantrieb eines Kraftwagens.

Man zog daher die Verwendung von zweireihigen Pendelrollenlagern vor, bei denen die Luft durch entsprechend starkes Auftreiben auf den kegeligen Sitz beseitigt wurde. Seit einigen Jahren werden Pendelrollenlager mit je zwei Außenringen benutzt (Abb. 102), deren Radialluft durch seitliche Anstellung beseitigt werden kann.

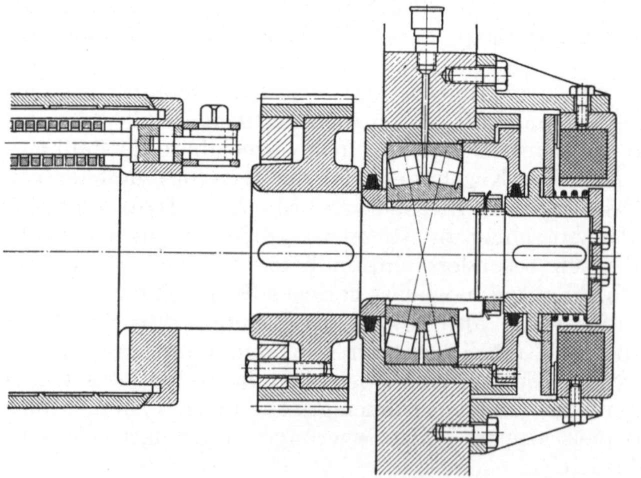

Abb. 102. Lagerung eines Plattenzylinders einer Rotationsdruckmaschine.

Eine axiale Verspannung von Radiallagern wird häufig aus verschiedenen Gründen angewandt:

1. Wenn ein genauer und spielfreier Lauf gefordert wird.

2. Wenn die Lagerung möglichst geräuschschwach sein soll.

3. Wenn eine Maschine Erschütterungen im Stillstand ausgesetzt ist.

4. Wenn die gelagerte Welle innerhalb kurzer Zeit auf sehr hohe Drehzahlen beschleunigt wird.

Fall 1 ist durch Abb. 103 erläutert, das die Spindellagerung einer Präzisionsschleifmaschine zeigt. Auf der Schleifscheibenseite sind zwei Radialkugellager angeordnet, von denen der Außenring des äußeren Lagers mit festem Sitz im Gehäuse eingebaut ist, während das danebensitzende zweite Lager, ebenso wie das Lager an der Antriebseite, einen engen Schiebesitz am Außenring hat. Diese beiden Lager werden durch auf den Außenring wirkende Federn nach der Antriebsseite gespannt, so daß alle Lager unter einer bestimmten Vorspannung spielfrei laufen.

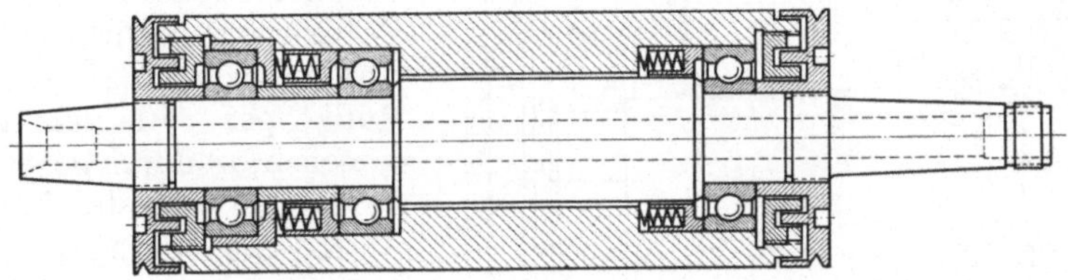

Abb. 103. Lagerung einer Präzisionsschleifspindel.

Fall 2: In Abb. 104 ist ein kleiner Elektromotor dargestellt, der bei sehr hoher Drehzahl laufen soll.

Fall 3: Abb. 105 zeigt einen Lüftermotor, wie er als Hilfsmaschine auf elektrischen Lokomotiven und Schiffen Verwendung finden soll. Die Maschinen stehen zeitweise still und sind ständig Erschütterungen ausgesetzt, die vom Fahrzeug selbst bzw. von anderen laufenden Maschinen verursacht werden. Unter diesen Betriebsverhältnissen finden an den Berührungsstellen der Rollkörper mit den Rollbahnen kleinste gleitende Bewegungen statt, durch die fast mikroskopisch kleine Stahlteilchen abgeschabt werden, welche sofort zu Eisenoxydoxydul (Fe_2O_3) oxydieren und eine große Verschleißwirkung haben. Als Folge davon tritt nach einiger Zeit die sog. Riffelbildung ein, d. h. die Rollkörper schaben kleine Riefen in die Rollbahnen, durch welche die Lager unbrauchbar werden. Man kann diese Erscheinung weitgehend unterbinden, wenn man die Beweglichkeit der Rollkörper und somit die Einwirkung der Erschütterungen durch Verminderung der Lagerluft einschränkt. In einfacher Weise läßt sich dies bei Rillenkugellagern, welche unter Federvorspannung gesetzt werden, erreichen. Dabei gibt man den Lagern sogar

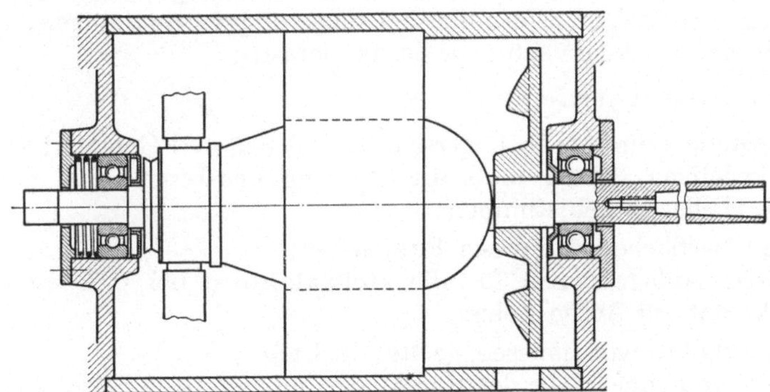

Abb. 104. Geräuscharme Lagerung eines kleinen, mit hoher Drehzahl laufenden Elektromotors.

eine erhöhte Radialluft, weil sich die Berührungslinien zwischen Rillen und Kugel schräg stellen und die Lager höher in axialer Richtung belastet werden können. Alle Kugeln stehen daher ständig unter Spannung mit den Rollbahnen.

Fall 4: Die gleichen Maßnahmen oder ähnliche wie vorher geschildert können auch bei Maschinen mit besonders großer Anfahrbeschleunigung mit Vorteil verwendet werden, vor allem, wenn es sich um größere Lager handelt. Die Trägheit der Massen des Käfigs mit Rollkörpern bewirkt bei sehr hoher Anfahrbeschleunigung, daß die Rollkörper auf den Rollbahnen rutschen, wodurch gegenseitige Anfressungen eintreten können.

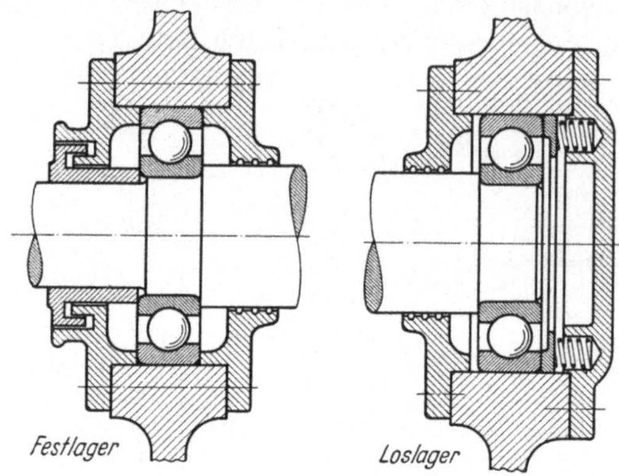

Abb. 105. Lagerung mit Federvorspannung für einen Lüftermotor.

Bei Arbeitsspindeln von Werkzeugmaschinen müssen eine ganze Reihe von Bedingungen erfüllt sein, wenn höchste Forderungen an Oberflächengüte und Genauigkeit des Werkstückes gestellt werden, und zwar bei den Wälzlagern.

1. Geringe Schwankungen der Dicke des umlaufenden Ringes;
2. Größte Genauigkeit der Rollkörper;
3. Geringer Seitenschlag der Rollbahn;
4. Geringer Seitenschlag der Seitenflächen der Ringe;
5. Geringe elastische Verformung bei Belastungsschwankungen;
6. Spielfreie Lagerung nach dem Zusammenbau;

und bei den Einbauteilen.

1. Kreisrunde zylindrische Lagersitze bei Wellen und Gehäusebohrungen;
2. Bei kegeligen Sitzen muß die Steigung des Innenringes genau mit derjenigen der Welle übereinstimmen;
3. Hohe Oberflächengüte dieser Sitzflächen;
4. Seitliche Anlageflächen für die Rollbahnringe bei Gehäusen und Wellen müssen senkrecht zur Achse stehen;
5. Gehäusebohrungen müssen genau fluchten;
6. Außen- und Innenringe der Radiallager müssen feste Sitze erhalten;
7. Gehäusekörper und Arbeitsspindel müssen biegungs- und schwingungssteif ausgebildet werden.

Abb. 106 zeigt die Lagerung der Arbeitsspindel einer Werkzeugmaschine (Halbautomat), wie sie von SKF nach einer zwanzigjährigen Entwicklung heute empfohlen wird und in großem Umfang bei Werkzeugmaschinen des In- und Auslandes mit großem Erfolg Verwendung findet.

An der Arbeitsseite wird ein Zylinderrollenlager vorgesehen, das zwei im halben Rollenabstand durch einen gemeinsamen Käfig gehaltene Rollenreihen besitzt. Durch die große Zahl von Zylinderrollen, welche auf zylindrischen Rollbahnen an einem der Ringe zwischen Borden geführt laufen, wird die elastische Federung im Lager sehr gering. Der Außenring erhält Festsitz im Gehäuse, der Innenring wird durch den Konussitz auf der Welle so aufgeweitet, daß die Lagerluft fast oder ganz verschwindet. Die Lager werden mit sehr hoher Genauigkeit angefertigt, besonders in bezug auf Radial- und Seitenschlag, und erhalten auch Rollen mit hoher Genauigkeit.

Die Erwärmung der Lager ist auch bei hohen Drehzahlen gering, so daß ohne Nachstellen ein so großer Drehzahlbereich durchfahren werden kann wie dies bei keinem anderen Spindellager möglich ist. Auf der Gegenseite ist ebenfalls ein etwas kleineres zweireihiges Zylinderrollenlager angeordnet. In manchen Fällen begnügt man sich an dieser Stelle mit einem einreihigen Lager und setzt dasselbe zylindrisch auf die Welle. Die Längsführung erfolgt durch zwei gegeneinander unter Vorspannung gesetzte Axialkugellager, welche unmittelbar hinter dem Radiallager auf der Arbeitsseite angeordnet sind. Man kann aus dem Bild erkennen, daß die Spindel sehr kräftig und gedrungen gebaut ist. Wälzlagerspindeln müssen wesentlich dicker gehalten werden als Gleitlagerspindeln, weil die lange und schwingungsdämpfende Gleitlagerschale nicht vorhanden ist. Spindeln,

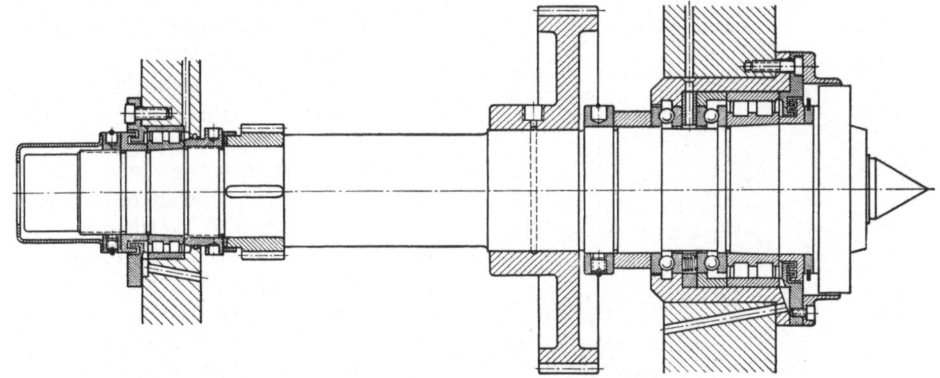

Abb. 106. Arbeitsspindel einer Werkzeugmaschine.

welche mit so hohen Drehzahlen laufen müssen, daß Axialkugellager nicht mehr verwendet werden können, erhalten zwei spielfrei gegeneinander angestellte Schrägkugellager oder ein Doppelschräglager, welche dann meist am Spindelende angeordnet sind und auch die radiale Führung dort übernehmen. Die Schmierung geschieht meistens durch Tropföl oder Umlaufschmierung, wobei das Getriebeöl vorher durch ein Filter läuft.

2,3. Befestigung der Rollbahnringe.

2,31. Radiale Befestigung der Rollbahnringe (Passung).

Die Bewährung der Wälzlager hängt nicht nur von der zweckmäßigen Lagerart und der richtigen Lagergröße ab. Die Passung der Rollbahnringe mit den Einbaustücken ist ebenfalls von großer Bedeutung. Die Erfahrung hat gezeigt, daß viele Lager durch fehlerhaften Sitz der Ringe auf der Welle oder im Gehäuse zerstört werden. Die dadurch entstehenden Unkosten können ganz beträchtlich sein. Ein beschädigter Zapfen bedingt entweder ein neues Lager mit abnormaler Bohrung oder eine neue Welle. Wird die Achse auf ein kleineres Maß nachgeschliffen, dann müssen Lager mit abnormaler Bohrung beschafft werden, die teuer sind und die notwendige Austauschbarkeit empfindlich stören. Es ist daher erforderlich, in jedem Einzelfall Untersuchungen über die richtige Passung anzustellen unter Berücksichtigung aller Faktoren, die einen Einfluß auf den Sitz der Ringe ausüben.

Die allgemeine Regel, daß die Innenringe fest sitzen müssen, während die Außenringe Schiebesitz oder Gleitsitz haben dürfen, hat schon oft unangenehme Beanstandungen hervorgerufen. Auch die weitergehende Vorschrift, daß die Innenringe auf sich drehenden Wellen festsitzen müssen, während die Außenringe in stillstehenden Gehäusen lose sitzen sollen, ist nicht immer zutreffend. Die leider so oft geübte Verallgemeinerung irgendeiner für einen ganz bestimmten Fall zutreffenden Erkenntnis hat auch hier zu manchen Schwierigkeiten geführt.

Der Lagerdruck kann eine dauernde Verformung der Sitzflächen hervorrufen. Diese Erscheinung ist von der Höhe der Belastung, der Luft zwischen den Paßteilen, der Oberflächenbeschaffenheit und den Werkstoffeigenschaften abhängig. Bei der Last 0 und einer gewissen Luft berühren sich die Sitzflächen nur in einer Mantellinie M_1 bzw. M_2 (Abb. 107). Unter Belastung entsteht eine mehr oder weniger breite Berührungsfläche. Der größte Druck in der Mitte der Berührungsfläche ist abhängig von der absoluten Höhe der Belastung und der Schmiegung. Bei stoßweiser Belastung, wie z. B. bei Fahrzeugen, liegen daher besonders kritische Verhältnisse vor. Abb. 107 zeigt schematisch die Abhängigkeit des höchsten spezifischen Druckes von der Größe der Luft, vergleichsweise bei beiden Rollbahnringen.

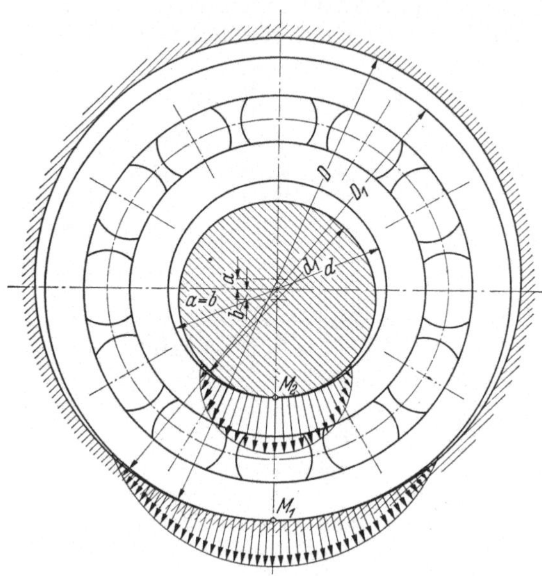

Abb. 107. Lastverteilung in der Sitzfläche bei lose sitzendem Innenring und lose sitzendem Außenring.

Die spezifische Belastung und damit der höchste Druck in der Berührungsfläche ist bei der Welle unter gleicher absoluter Last größer als beim Gehäuse.

Die Oberflächenbeschaffenheit oder der Grad der Elastizität der Oberflächenschicht ist von großem Einfluß auf den Grad der Verformung. Besonders ungünstig sind nach normalen Verfahren gedrehte Flächen, weil sich die mehr oder weniger feinen Drehriefen leicht verformen, da der Ring zunächst nur von dem Grat der Riefen getragen wird. Aber auch geschliffene Flächen ergeben nicht ohne weiteres eine genügende Oberflächenbeschaffenheit.

Bei gleicher Last wird die bleibende Verformung um so geringer sein, je härter die Oberfläche ist. Bei Verwendung von Leichtmetall und Bronze ist daher größere Vorsicht geboten als bei Gußeisen und Stahlguß. Aus diesem Grunde kann es zweckmäßig sein, die Sitzflächen bei Leichtmetall nach der spanabhebenden Bearbeitung durch unter hohem Druck angepreßte Rollen zu glätten und zu verdichten.

Wenn auch die Verformung der Sitzfläche eine Anpassung an die Ringfläche des Lagers mit gleichzeitiger Verdichtung der Oberflächenschicht bewirkt, die den Fortgang der Verformung schließlich begrenzt, so sollte dieser Zustand doch von vornherein verhindert werden, um die Funktion des Lagers nicht zu gefährden. Die Spielvergrößerung bedeutet nicht nur eine Verringerung der normalen Tragfähigkeit des Lagers, sondern auch eine Gefährdung der Betriebssicherheit der Lagerung und damit der Maschine oder des Fahrzeuges. Hinzu kommt die Behinderung der axialen Bewegungsmöglichkeit, die unvorhergesehene axiale Belastungen zur Folge haben kann. In dieser Weise verformte Wellen besitzen auch eine geringere Bruchfestigkeit, da die Verformung an den Kanten als Kerbe wirkt.

Wie gefährlich eine zu große Luft sein kann, geht aus der Untersuchung von Laufrollen einer Hängebahn hervor. Bei 5 Achsen war eine gleichmäßige starke Verformung von mehr als 0,3 mm eingetreten. Nur eine einzige Achse zeigte keine meßbare Veränderung an den Sitzstellen der Lager, obwohl sie unter den gleichen Verhältnissen gearbeitet hatte. Die Nachmessung zwischen den beiden Lagerstellen ergab, daß die zuerst genannten 5 Achsen mit einem Istabmaß von etwa —0,15 mm hergestellt waren, während das Istabmaß für die 6. Achse nur —0,04 mm betrug.

Wenn auch eine derartige Verformung verhältnismäßig selten vorkommt, sollte doch vor allem bei stoßweiser Belastung und bei lose sitzenden Rollbahnringen auf diese Gefahr geachtet werden. In erster Linie ist dafür Sorge zu tragen, daß die Last die zulässige Grenze nicht überschreitet und die Oberflächenbeschaffenheit den Beanspruchungen entspricht. In dem ISA-System sind mehrere Paßgrade für lose sitzende Rollbahnringe enthalten. Wenn aus wirtschaftlichen Gründen eine genügend kleine Luft nicht erreicht und die Oberflächenbeschaffenheit nicht verbessert werden kann, ist ein für die Verhältnisse geeigneter, widerstandsfähiger Werkstoff zu verwenden.

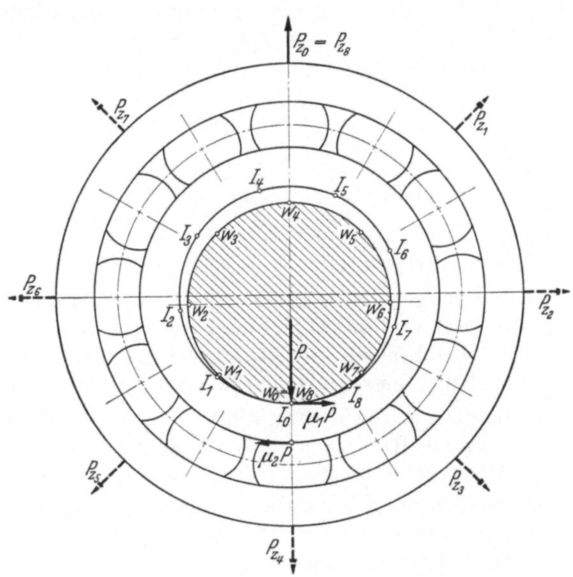

Abb. 108. Erklärung für das „Wandern" eines Rollbahnringes.

Schon bei den ersten Versuchen mit Kugellagern wurde beobachtet, daß ein lose im Gehäuse sitzender, seitlich nicht verspannter Außenring sich langsam entgegen dem Drehsinn der Welle bewegt, auch wenn er einer die Richtung nicht ändernden Last ausgesetzt ist. Diese Bewegung wird durch die tangentialen Reibkräfte der Rollkörper auf den Rollbahnen hervorgerufen. Sie tritt daher dann leicht ein, wenn Axialdrücke vorkommen und die Reibung der Ringe auf der Welle oder im Gehäuse durch Erschütterungen zeitweise aufgehoben wird. Meistens ist der damit in Zusammenhang stehende Verschleiß so unbedeutend, daß der Lauf oder die Wirkungsweise der Lagerung nicht beeinflußt werden. Man kann darin sogar den Vorteil sehen, daß sich die Belastungszone des Ringes allmählich verschiebt.

Gefährlich ist aber das Wandern eines Rollbahnringes infolge Änderung der Kraftrichtung, sei es, daß der Ring unter einer stillstehenden Belastung rotiert oder die Last im Verhältnis zum stillstehenden Ring umläuft. Der betreffende Ring führt dann eine regelrechte Abrollbewegung auf der Welle oder im Gehäuse aus. Dieser Vorgang ist in Abb. 108 veranschaulicht. Wenn man annimmt, daß sich die Welle unter der Last „P“ dreht, dann wird der Innenring von der Reibkraft $\mu_1 P$ mitgenommen, solange die Reibkraft des Lagers $\mu_2 P$ kleiner ist als $\mu_1 P$. Wenn sich die Welle um das Stück $W_0 W_1$ gedreht hat, so daß der Punkt W_1 in der

Richtung der Last P liegt, dann ist, falls kein Gleiten eintritt, der Innenring bis I_1 gekommen. Bei weiter fortschreitender Drehung deckt sich W_2 mit I_2, W_3 mit I_3 usw. bis schließlich W_0 als W_8 wieder unter der Belastung steht und sich mit I_8 deckt, d. h. I_0 ist um den Bogen $I_0 I_8 = \pi\,(d_s - d_w)$ gegenüber $W_8 = W_0$ zurückgeblieben.

Der gleiche Vorgang ist zu erwarten, wenn die Welle stillsteht und der Außenring mit dem Gehäuse oder der Nabe umläuft, wobei eine Unwucht P_z hervorgerufen wird, die in bezug auf den Außenring stillsteht, aber im Verhältnis zum Innenring rotiert (Abb. 108). Hat diese Kraft die Richtung P_{z0}, so findet in den Punkten W_0 und I_0 Berührung statt. Wandert die Unwucht nach P_{r1}, so liegt die Berührung bei W_1 und I_1 usw. bis sich schließlich I_8 mit $W_8 = W_0$ deckt. In diesem Falle ist also der Innenring gegenüber der stillstehenden Welle vorgeeilt, und zwar ebenfalls um den Bogen $I_0 I_8 = \pi\,(d_r - d_w)$. Die Drehgeschwindigkeit des Ringes ergibt sich demnach aus

$$n_r = \frac{n_w\,(d_r - d_w)}{d_r} \quad \text{für sich drehende Welle}$$

und

$$n_r = \frac{n_w\,(d_r - d_w)}{d_w} \quad \text{für sich drehende Last.}$$

Darin bedeutet:

n_r die Drehgeschwindigkeit des „wandernden" Ringes,
n_w die Drehzahl der Welle oder des Gehäuses,
d_r den Durchmesser der Ringbohrung oder Gehäusebohrung,
d_w den Durchmesser der Welle oder des Außenringmantels.

Aus dieser Überlegung folgt:

a) daß ein Rollbahnring die Neigung hat, eine Relativbewegung zu seiner Unterlage, Welle oder Gehäuse, auszuführen, wenn sich die Richtung der Last, bezogen auf den Umfang des Rollbahnringes, ändert,

b) daß die Bewegung um so schneller vor sich geht, je größer die Drehzahl der Welle oder des Gehäuses ist,

c) daß ein Ring um so schneller „wandert", je größer die Luft ist zwischen Welle und Ringbohrung oder zwischen Mantel und Gehäusebohrung.

Je nach der Richtung der Last im Verhältnis zur Rollbahn eines Ringes können folgende „Belastungsarten" vorkommen:

1. Der Ring steht still — die Last steht still.
2. Der Ring rotiert — die Last steht still
oder der Ring steht still — die Last rotiert.
3. Der Ring pendelt — die Last steht still
oder der Ring steht still — die Last pendelt.

Für den Fall 1 soll der Begriff „Punktlast",
Für den Fall 2 soll der Begriff „Umfangslast",
Für den Fall 3 soll der Begriff „Pendellast" (unbestimmt) eingeführt werden.

Unter „Last" sei die Resultierende aller radialen Lagerdrücke verstanden.

Wenn sich die Belastung aus einer stillstehenden Kraft etwa aus dem Gewicht irgendwelcher Teile und aus einer umlaufenden Kraft als Folge einer Unwucht zusammensetzt, dann kann entweder eine „Pendellast" oder eine „Umfangslast" entstehen, je nachdem ob die Resultierende umläuft oder pendelt. Entsprechend der Größe der Unwucht im Vergleich zur stillstehenden Kraft ergibt sich eine pendelnde oder umlaufende Last.

In Abb. 109 ist die stillstehende Kraft „P_s“ bedeutend größer als die Unwucht „P_u“. Der Ausschlag ist entsprechend gering. Wächst „P_u“ im Verhältnis zu „P_s“, dann wird auch der Ausschlag größer entsprechend Abb. 110. Bei „P_u“ = „P_s“ ist

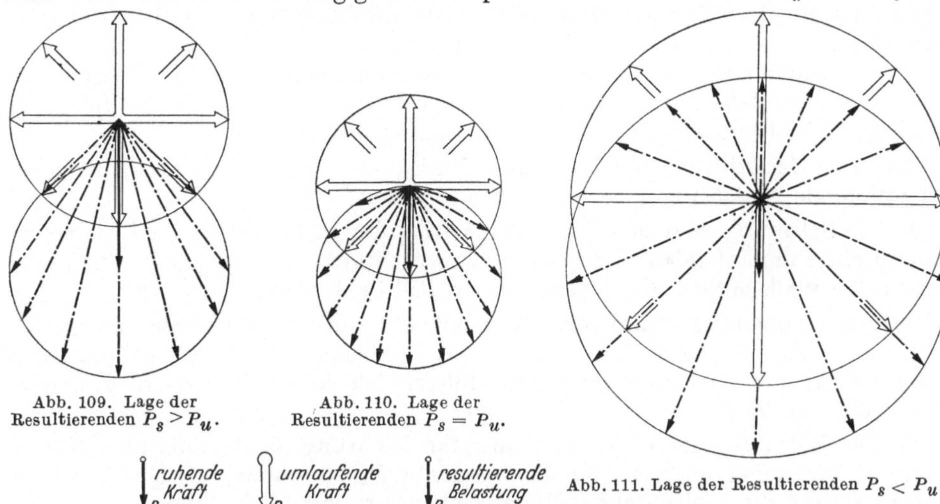

Abb. 109. Lage der Resultierenden $P_s > P_u$.

Abb. 110. Lage der Resultierenden $P_s = P_u$.

Abb. 111. Lage der Resultierenden $P_s < P_u$.

die Grenze der Pendelung erreicht. Gleichzeitig schwankt die Belastungshöhe zwischen dem Wert $P_s + P_u$ und $P_s - P_u$. In Abb. 110 wird $P_s - P_u = 0$, d.h. die Belastung ist zeitweise vollkommen aufgehoben. Wird $P_u > P_s$, dann ergibt sich, wie Abb. 111 zeigt, eine ringsum laufende Resultierende „R“, deren Größe ebenfalls zwischen $P_u + P_s$ und $P_u - P_s$ schwankt.

Für in Betrieb befindliche Lager können sich demnach folgende „Passungsfälle“ ergeben:

1. Die Richtung der „Last“ ändert sich nicht, die Welle dreht sich, das Gehäuse steht still (Abb. 112 a).

Dann unterliegt der Innenring einer „Umfangslast“ und der Außenring einer „Punktlast“.

2. Die Richtung der „Last“ ändert sich nicht, die Welle steht still, das Gehäuse dreht sich (Abb. 112 b).

Der Innenring steht unter „Punktlast“, der Außenring unter „Umfangslast“.

3. Die Belastung setzt sich aus einer die Richtung nicht ändernden Komponente P_s und einer umlaufenden Komponente P_u zusammen. $P_u < P_s$, d. h. die „Last“ pendelt, die Welle rotiert, das Gehäuse steht still (Abb. 112 c).

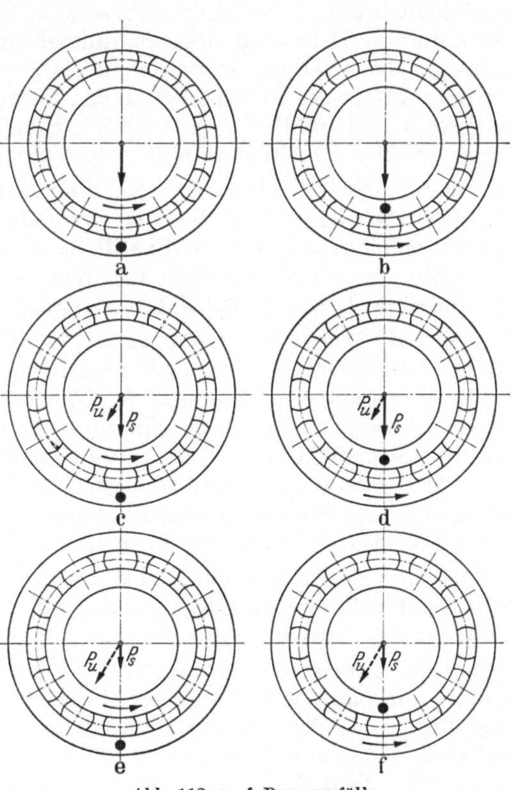

Abb. 112. a—f. Passungsfälle.

Dann unterliegt der sich drehende Innenring einer „Umfangslast“, weil die Resultierende R bei jeder Umdrehung immer an einem anderen Punkt der Rollbahn angreift. Der stillstehende Außenring ist dagegen einer „Pendellast“ unterworfen, da die Resultierende während einer Umdrehung des Innenringes zwischen zwei Punkten des Außenringes hin und her pendelt.

4. Die Belastung setzt sich aus einer die Richtung nicht ändernden Komponente P_s und einer umlaufenden Komponente P_u zusammen. $P_u < P_s$, d. h. die „Last“ pendelt, die Welle steht still, das Gehäuse rotiert (Abb. 112 d).

Dann ist der stillstehende Innenring einer „Pendellast“ unterworfen, während der rotierende Außenring unter einer „Umfangslast“ steht.

5. Die Belastung setzt sich aus einer die Richtung nicht ändernden Komponente P_s und einer umlaufenden Komponente P_u zusammen. $P_u > P_s$, d.h. die „Last“ rotiert, die Welle rotiert, das Gehäuse steht still (Abb 112e).

Für den Innenring ergibt sich „Pendellast“, weil die Resultierende im Verhältnis zum Ring ihre Richtung ändert, und zwar einmal zurückbleibt und einmal voreilt während einer Umdrehung. Der stillstehende Außenring unterliegt dagegen einer „Umfangslast“.

6. Die Belastung setzt sich aus einer die Richtung nicht ändernden Komponente P_s und einer umlaufenden Komponente P_u zusammen. $P_u > P_s$, d.h. die „Last“ rotiert, die Welle steht still, das Gehäuse rotiert (Abb. 112f).

Für den Innenring ergibt sich „Umfangslast“, für den Außenring „Pendellast“.

Der Fall 1 kommt am häufigsten vor und kann daher gewissermaßen als normal bezeichnet werden. Bei allen Fahrzeugen, bei denen die Räder fest auf der Achse sitzen und die Belastung auf dem stillstehenden Gehäuse abgestützt wird, liegt die Richtung der Last im wesentlichen fest, wenn man von den Zugkräften, die je nach der Anlage der Achsbuchse an den Führungsleisten einer gewissen Schwankung ausgesetzt sind, und der im Vergleich zum Wagengewicht geringen Unwucht der Räder absieht. Die Welle dreht sich, während die Achsbuchse stillsteht.

Ist die Achswelle fest mit dem Wagenkasten verbunden und die Lagerung in der Radnabe angeordnet, dann ist der Fall 2 gegeben. Die Richtung der „Last“ ändert sich nicht, die Welle steht still, das Gehäuse dreht sich. Der gleiche Passungsfall ergibt sich für Vorderräder von Kraftwagen, für Laufrollen oder Losscheiben, bei denen die Lager in der Nabe angeordnet sind.

Der Fall 3 liegt vor bei normalen Elektromotoren mit horizontal liegendem Anker. Die Belastung setzt sich zusammen aus dem Ankergewicht, dem Riemenzug, dem magnetischen Zug und der Unwucht. Wenn die Anker nicht vollkommen ausgewuchtet sind, stellt sich eine umlaufende Kraft ein, die kleiner sein wird als die stillstehenden Drücke. Die Resultierende pendelt mehr oder weniger stark je nach der Größe der Unwucht und der Drehzahl. Mit diesem Zustand ist immer zu rechnen, wenn es sich um Maschinen handelt, bei denen eine Unwucht mit verhältnismäßig hoher Drehzahl rotiert (Ventilatoren).

Der Fall 4 tritt z.B. bei Elektrorollen mit rotierendem Mantel auf, wenn derselbe nicht vollkommen ausgewuchtet ist. Die Drehzahl ist wahrscheinlich nie so hoch, daß die Unwucht größer wird als das Gewicht.

Fall 5 ist meistens gegeben bei sehr hochtourigen Elektromotoren und Ventilatoren, vor allen Dingen aber bei Maschinen mit vertikaler Welle, weil der radiale Lagerdruck aus dem Gewicht $= 0$ wird, also z.B. bei vertikalen Frässpindeln, Elektromotoren und Zentrifugen. Auch bei Schwingsieben, die auf Unwucht aufgebaut sind, liegt dieser Zustand eindeutig vor.

Der Fall 6 kommt selten vor, weil eine Anordnung mit umlaufenden Gehäuse bei hochtourigen Maschinen oder bei Maschinen mit vertikaler Welle als Spezialausführung gelten kann. Er ist möglich bei Zahnradgetrieben mit Losrädern.

Wenn auch dies „Wandern“ der Rollbahnringe theoretisch als reine Rollbewegung vor sich geht, so ist doch ein gewisses Gleiten beider Flächen aufeinander nicht zu vermeiden, allein schon mit Rücksicht auf die immer auftretende Formänderung. Außerdem wirken am Umfang des Ringes Tangentialkräfte von den Rollkörpern, die die Gleitbewegung unterstützen, vor allen Dingen, wenn Erschütterungen auftreten, die die Reibung der Ringe auf der Welle oder im Gehäuse aufheben. Die unvermeidlichen Gleitbewegungen rufen einen Verschleiß beider sich relativ zueinander bewegenden Teile hervor.

Diese Wirkung wird noch dadurch erhöht, daß bei der unter hoher spezifischer Belastung stattfindenden geringen Bewegung „Reibrost“ gebildet wird. Diese Oxydschicht ist identisch mit dem als Polierrot (Fe_2O_3) bekannten Schleifmittel. Dieses wirkt wegen seiner guten Schneidfähigkeit beschleunigend auf den Verschleiß der Sitzflächen und beeinträchtigt auch die Form der Rollbahnen, wenn es, mit Fett oder Öl gemischt, in die Lager eindringen kann.

Die unter Belastung entstehenden Federungen und Dehnungen der Ringe sind häufig die Ursache dafür, daß sich auch solche Rollbahnringe, die zunächst mit einer gewissen Spannung im Gehäuse oder auf der Welle sitzen, im Laufe der Zeit lockern, sobald die durch die Belastung hervorgerufene Dehnung größer wird als die durch das Übermaß erzeugte Spannung. Dieser Zustand kann besonders leicht eintreten, wenn die Spannung durch dauernde Verformung der Sitzfläche beeinträchtigt wird. Bei gedrehten Sitzflächen wird man daher leicht mit einem Lockern rechnen müssen, auch wenn der Ring zunächst festzusitzen schien, weil die Kuppen der Drehriefen schon bei der Montage oder im Betrieb deformiert werden. Die auf Grund der Messung angenommene Pressung ist in Wirklichkeit nicht vorhanden.

Bei Ringen, die seitlich festgespannt werden, ist mit einem Fressen oder Verschleiß der Anlagefläche zu rechnen, weil bei jeder Bewegung des Ringes ein Gleiten unter hoher Last hervorgerufen wird. Auch wenn das „Wandern“ des Ringes verhältnismäßig gering ist, verursacht die große Reibung sowohl in der Bohrung des Innenringes als auch am Mantel des Außenringes, vor allen Dingen aber an den Seitenflächen hohe Wärme, die leicht Spannungen in den Ringen auslöst und zu Rißbildung führt.

Man hat lange die Ansicht vertreten, daß ein „Wandern“ der Rollbahnringe durch seitliche Klemmkräfte behoben werden könne. Vor einer solchen Auffassung kann nicht ernst genug gewarnt werden, da einwandfreie Beweise vorliegen, daß auch starke, auf die Seitenflächen der Ringe ausgeübte Drücke und die damit in Zusammenhang stehenden Gleitreibungskräfte das Wandern auf die Dauer nicht verhindern können, wenn ein sich drehender Ring einer Belastung mit unveränderlicher Richtung oder ein stillstehender Ring einer Belastung mit am Umfang veränderlicher Richtung also unter „Umfangslast“ lose auf dem Zapfen sitzt. Nimmt man an, daß ein Lager mit 2000 kg belastet ist und der Reibwert zwischen den Seitenflächen des Ringes und den Anlageflächen des Wellenbundes oder der Mutter 0,1 beträgt, so müßte dauernd eine axiale Spannung von mindestens 10000 kg aufgebracht werden, um den Ring in der Schwebe zu halten (Abb. 113). Außerdem führt die unvermeidliche Biegung des Zapfens zu einem Verschleiß an den Seitenflächen, so daß die Spannung bald verlorengeht. Dann ist das Wandern nicht zu verhindern und ein weiterer starker Verschleiß der Seitenflächen die Folge.

Trotz der zahlreichen Mißerfolge und der klaren Erkenntnis ihrer Ursachen wird immer wieder der Wunsch laut, die Rollbahnringe mit Nuten oder Löchern zu versehen. Abgesehen von der gänzlich unbrauchbaren Befestigung, ist eine solche Maßnahme auch deshalb gefährlich, weil die scharfkantige Unterbrechung des Ringprofils leicht Spannungen auslösen kann, die zu Brüchen Veranlassung geben. Lediglich für untergeordnete Verwendungsgebiete, z. B. leichte Landmaschinen, werden heute noch Lager geliefert, die durch einen Stift, der in eine Nute des Innenringes faßt, gehalten werden (Abb. 10).

Das einzige, wirklich zuverlässige Mittel zur Verhinderung des „Wanderns" besteht in einer genügend festen Passung der Rollbahnringe nach dem Einbau. Diese Spannung ist abhängig von dem Übermaß, der Dicke der Rollbahnringe und der Oberflächenbeschaffenheit der Sitzflächen. Es ist aber nicht bekannt, welche Spannung erforderlich ist, um ein Auswalzen, Lockern oder „Wandern" gerade noch zu verhindern.

Die für Wälzlager zweckmäßigen Übermaße und ihre Abstufung nach den Betriebsverhältnissen sind auf rein empirischen Wege gefunden worden. Irgendwelche

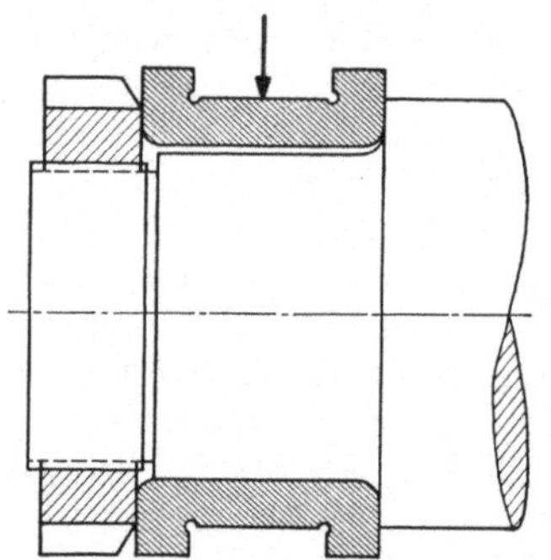

Abb. 113. Bewegungsmöglichkeit eines losesitzenden, aber seitlich verspannten Innenringes.

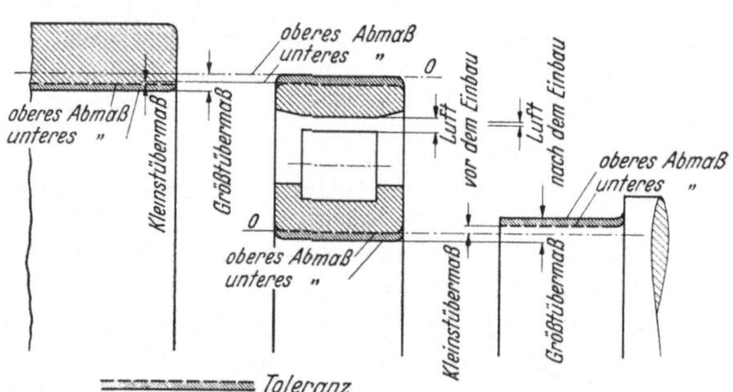

Abb. 114. Einfluß der Aufweitung und Stauchung auf die Lagerluft.

Angaben über die Abhängigkeit des kleinsten erforderlichen Übermaßes von der Belastung oder Drehzahl besteht nicht.

Ein Einfluß der durch das Übermaß in den Ringen entstehenden Spannung auf die Tragfähigkeit konnte bisher nicht festgestellt werden. Man weiß aber, daß auch die möglichen größten Übermaße nur ein Bruchteil der Spannung hervorrufen, die notwendig ist, um wirklich gesunde Innenringe zum Platzen zu bringen. Wegen der relativ größeren Toleranzen liegen die Verhältnisse bei ganz kleinen Lagern ungünstiger als bei großen.

Auch bei den Außenringen hat die Passung einen Einfluß auf die Lagerluft, wenn sie einen festen Sitz erhalten. Bei Außenringen wird man aber mit einer viel größeren Schwankung rechnen müssen als bei Innenringen, weil die Gehäusewandungen in der Dicke sehr verschieden sind und je nach ihrer Federung die Stauchung des Außenringes beeinflussen. Auch die Formfehler der Gehäusesitzflächen sind größer als die der Wellen.

Um den Einfluß der Aufweitung und Stauchung auf die Lagerluft zu zeigen, sei auf die Abb. 114 verwiesen.

Wenn eine Vorspannung in jedem Fall vermieden werden soll, darf die Aufweitung plus Stauchung nicht größer sein als die Lagerluft vor dem Einbau plus der unter der Betriebsbelastung entstehenden Federung. Da die Federung der Kugellager wesentlich größer ist als die der Rollenlager, kann die zulässige Passung der ersteren von der spezifischen Belastung abhängig gemacht werden.

Bei Schrägkugellagern und Kegelrollenlagern sowie bei Pendelrollenlagern mit einem besonderen Rollbahnring für jede Rollenreihe wird die Lagerluft durch die seitliche Verschiebung des einen Rollbahnringes geregelt. Die Passung oder Aufweitung der Ringe wird daher nicht durch die Lagerluft begrenzt. Die obere Grenze der Pressung ist nur bestimmt durch die Sicherheit gegen Bruch oder die Möglichkeit des Ausbauens.

Mit der zunehmenden Verwendung der Wälzlager und der allgemeinen Einführung des Austauschbaues hat man die Methode des Zusammenpassens mehr und mehr verlassen. Abgesehen von einzelnen kleinen Werkstätten ist man auch für die Einbaustücke von Wälzlagern, Welle und Gehäuse zur toleranzhaltigen Herstellung übergegangen. Diese Umstellung wurde wesentlich beschleunigt durch die Normung der Grenzabmaße der Hauptabmessungen der Wälzlager und ihrer Einbaustücke.

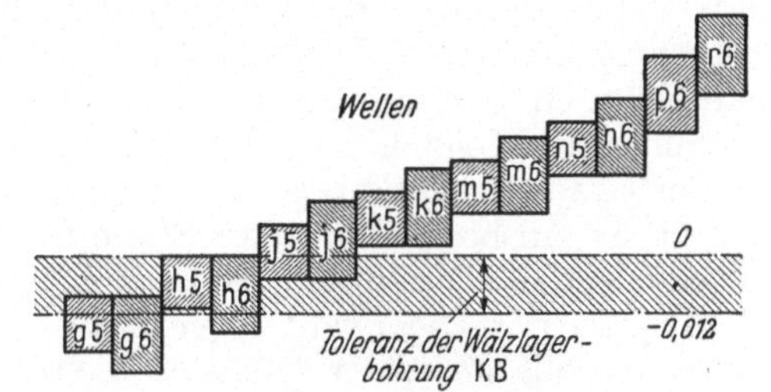

Abb. 115. Lage und Größe der ISA-Toleranzen für Zapfen von 30—50 mm ∅.

Ausgehend von der Bedeutung der weitverbreiteten Wälzlager als „primäre Marktware“ hat man für diese, je nach dem Durchmesser, einheitliche Werte für alle Lagerarten (ausgenommen Schulterkugellager) festgelegt, während für die Gegenstücke (Welle und Gehäuse) unter Berücksichtigung der verschiedenartigen Betriebsverhältnisse, denen die Wälzlager unterliegen können, eine große Anzahl von Toleranzstufen nach Größe und Lage aufgestellt wurden, die sich aber in das allgemeine Passungssystem einordnen. Abb. 115 zeigt die verschiedenen Toleranzfelder für Wellen; Abb. 116 diejenigen für Gehäuse für eine Durchmesserstufe.

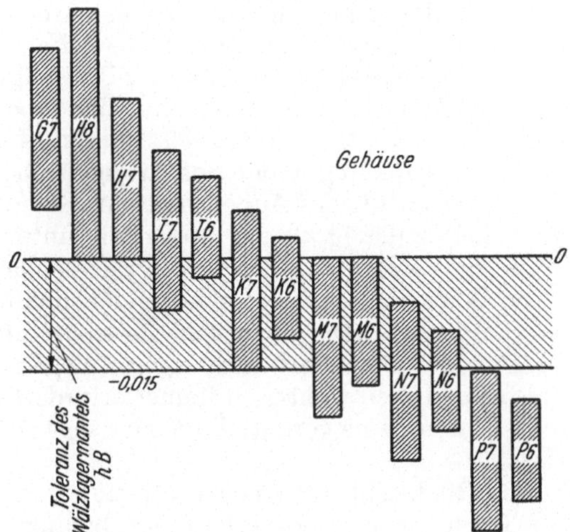

Abb. 116. Lage und Größe der ISA-Toleranzen für Gehäuse von 80—120 mm ∅.

Es besteht also die Möglichkeit, die Lagerbohrung mit 14 Toleranzfeldern der Wellensitzfläche zu 14 verschiedenen „Paßgraden“ zu kombinieren. Für Gehäuse sind 13 Toleranzfelder vorhanden, die 13 verschiedene Sitzarten ergeben. Die feine Abstufung ermöglicht geringe, aber wichtige Schwankungen in dem Sitzcharakter. Durch die verschiedenen Gütegrade wird einer wirtschaftlichen Herstellung Rechnung getragen. Jedes Toleranzfeld ist durch einen kleinen oder großen Buchstaben und eine Ziffer gekennzeichnet. Die kleinen Buchstaben gelten für Zapfen, die großen für Gehäuse. Der Buchstabe weist auf die Lage der Toleranz hin, während die Ziffer die Größe der Toleranz (Qualität, Gütegrad) angibt.

Bei der Auswahl einer Passung aus dem ISA-System sind folgende Punkte zu beachten:

1. die Richtung der Last,
2. die Höhe der Last,
3. der Ein- und Ausbau,
4. die Arbeitsbedingungen,
5. die Lagerart.

Wenn die Last ihre Richtung im Verhältnis zum Ringumfang ändert („Umfangslast"), der Ring also entweder unter einer stillstehenden Last rotiert oder eine rotierende Last auf den stillstehenden Rollbahnring einwirkt, muß ein fester Sitz gewählt werden. Der Rollbahnring darf lose sitzen, wenn die Belastung ihre Richtung im Verhältnis zum Ring nicht oder nur wenig ändert („Punktlast"). Er muß aber lose sitzen, wenn er sich axial verschieben muß, um den Wärmedehnungen zu folgen oder wenn, wie bei Kegelrollenlagern oder Schrägkugellagern, mit diesem Rollbahnring das Lagerspiel eingestellt werden soll. In vielen Fällen ist nicht deutlich erkennbar, ob die aus der stillstehenden Belastung und der Unwucht herrührende Resultierende wirklich umläuft oder nur eine mehr oder weniger große Pendelung ausführt („Pendellast"). Auch in diesen „unbestimmten" Fällen sollte man lieber einen festen Sitz wählen, um ganz sicher zu gehen. Bei hoher Drehzahl ist immer die Möglichkeit für „Umfangslast" gegeben.

Der Grad des Festsitzes ist von der *Höhe der Last* abhängig. Bei stoßweißem Betrieb ist ein besonders fester Sitz erforderlich, weil weniger die zeitliche Dauer entscheidend ist, als die absolute Höhe der Last; da die Stöße nicht in vollem Umfang bei der Lagerwahl berücksichtigt werden, ist die Lagergröße und damit das Ringprofil nicht der höchsten Belastung angepaßt. Die dann auftretenden Spannungen sind daher verhältnismäßig hoch. Leider kann nicht angegeben werden, bei welcher Belastung und welchem Übermaß ein Ring aufgewalzt wird. Man kann sich daher nur auf Erfahrungen stützen. Immerhin ist es zweckmäßig, denjenigen Sitz zu wählen, der für die betreffende Lagerart gerade noch verwendbar ist.

Die zulässige Größe der Luft der Rollbahnringe im Gehäuse oder auf der Welle ist von der Höhe der Belastung, von der Oberflächenbeschaffenheit und der Widerstandsfähigkeit oder Härte des Werkstoffes abhängig. Bei gleicher Luft ist die spezifische Pressung in der Berührungsfläche des Innenringes auf der Welle wesentlich größer als die des Außenringes im Gehäuse. Infolgedessen ist dort eine weniger große Luft zulässig als am Außenring unter ähnlichen Betriebsverhältnissen. Der Grad der Verformung hängt von der höchsten Belastung ab, die auftreten kann. Stöße sind deshalb besonders gefährlich und bedingen eine kleine Luft zwischen den Sitzflächen. Die Oberflächenbeschaffenheit und die Härte des Werkstoffes sind von Fall zu Fall zu berücksichtigen. Wegen der Verklemmungsgefahr ist ein loser Sitz bei geteilten Gehäusen immer erforderlich. Sie können daher nicht verwendet werden, wenn eine geringe Luft oder sogar ein fester Sitz des Außenringes verlangt wird.

Mit Rücksicht auf einen bequemeren *Ein- und Ausbau* der Lager muß oft auf den durch die Betriebsverhältnisse bedingten Sitz verzichtet werden. Man sollte jedoch bei der Entscheidung möglichst denjenigen Faktor als ausschlaggebend betrachten, der die Betriebssicherheit am meisten beeinflußt. In vielen Fällen kann durch die Wahl einer geeigneten Lagerart auch ein leichter Ein- und Ausbau erzielt werden. Bei ganz kleinen Lagern ist die Passung insofern von dem Einbau abhängig als die dünnen Wellen leicht krumm gezogen werden. Aus diesem Grunde muß das Übermaß beschränkt werden.

Auch mit Rücksicht auf die *Arbeitsbedingungen* der Maschine kann ein fester Sitz notwendig sein. Wenn z. B. eine hohe Laufgenauigkeit verlangt wird, ist es zweckmäßig, den Außenring am Wandern zu hindern, um den Einfluß des Schlages dieses Ringes auszuschalten. Eine Lagerung mit geringem Spiel kann nur erzielt werden, wenn auch die Rollbahnringe auf der Welle oder im Gehäuse ohne Luft angeordnet sind.

Eine Begrenzung des Übermaßes ist durch die *Lagerart* und *Lagerluft* gegeben. Bei einreihigen Schrägkugellagern und Kegelrollenlagern, den sog. „offenen Lagern" ist der Grad des Festsitzes nur von der Montage der Rollbahnringe abhängig. Bei allen „geschlossenen“ Radiallagern muß auf die Lagerluft Rücksicht genommen werden. Kugellager besitzen im allgemeinen eine kleinere Luft als Rollenlager. Diese sind aber wesentlich starrer als Kugellager, d.h. der Unterschied zwischen der Radialluft und dem Radialspiel ist bei Kugellagern bedeutend größer. Hierin liegt in passungstechnischer Hinsicht ein großer Vorteil, insofern als mit zunehmender Last eine strammere Passung verwendet werden kann.

Bei der Wahl der Passung von Kugellagern muß also die spezifische Belastung des Lagers beachtet werden, weil bei relativ kleiner Last ein geringeres Übermaß zugelassen

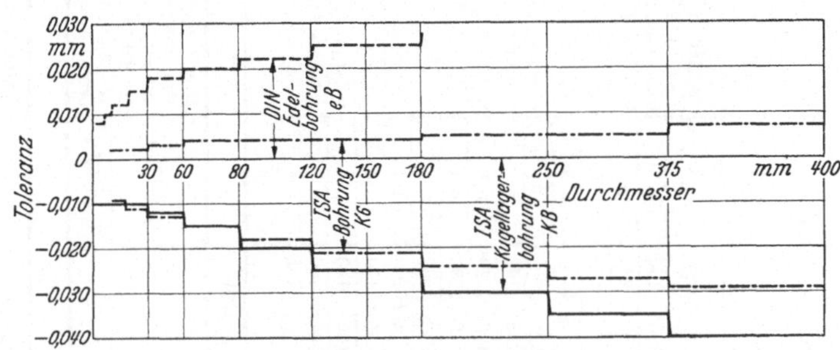

Abb. 117. Lage der Toleranz der DIN-Edelbohrung *e B*, ISA-Wälzlagerbohrung *K B* und ISA-Bohrung *K 6*.

werden darf als bei relativ großer Last. Auf Grund dieser Forderung und langer Erfahrungen im praktischen Betrieb sind von SKF die nachstehenden Tabellen 6 und 7 für Wellen- und Gehäusesitze aufgestellt worden.

Die „Qualität“ oder die zulässige Größe der Toleranz richtet sich nach der Lagerart und den Betriebsverhältnissen. Kleine „geschlossene“ Kugellager — Rillenlager und Pendellager — bedingen in vielen Fällen wegen der hohen Drehzahl

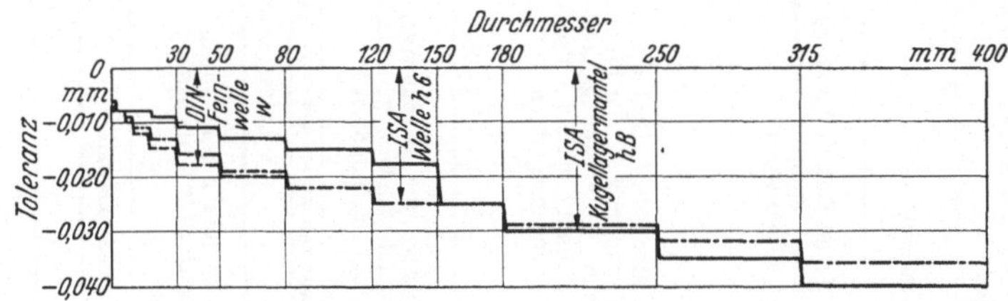

Abb. 118. Lage der Toleranz der DIN-Feinwelle *W*, des ISA-Wälzlagermantels *h B* und der ISA-Welle *h 6*.

und der damit verbundenen „unbestimmten“ Lastrichtung einen genügend festen Sitz. Die Einwirkung auf die Lagerluft darf aber ein gewisses Maß nicht überschreiten. Aus diesem Grunde wird die Qualität „5“ verwendet, zumal das Schleifen der Sitzflächen innerhalb der zur Verfügung stehenden Toleranz keine besonderen Schwierigkeiten macht und die Kosten eines Ausschußstückes nicht sehr ins Gewicht fallen. Auch für größere Lager wird diese Qualität benutzt, wenn die Aufweitung mit Rücksicht auf die Lagerluft beschränkt werden muß. Dies ist immer der Fall bei Zylinderrollenlagern und Kugellagern. Bei einreihigen Schrägkugellagern und Kegelrollenlagern fällt der Einfluß der Lagerluft fort. Es ist also auch ein großes Übermaß jederzeit zulässig. Wenn *k 5* für Zylinderrollenlager notwendig ist, kann für Kegelrollenlager unter den gleichen Verhältnissen *k 6* verwendet werden. Das gleiche gilt für *m 5* und *m 6*. Die geschlitzten Spannhülsen und Abziehhülsen

Tabelle 6. *Anleitung für die Wahl der Passung bei*

Wellen für Radiallager

	Betriebsverhältnisse	Beispiele	Wellendurchmesser in mm: Radial-kugellager	Wellendurchmesser in mm: Zylinder- u. Kegelrollenlager	Wellendurchmesser in mm: Pendel-rollenlager	Toleranz-feld nach ISA	Anmerkungen
Lager mit zylindrischer Bohrung							
Punktlast für Innenring	Leichte Verschiebbarkeit des Innenringes erforderlich	Laufräder auf stillstehenden Achsen	Alle Durchmesser			g 6	
Punktlast für Innenring	Leichte Verschiebbarkeit des Innenringes nicht unbedingt erforderlich	Spannrollen, Seilrollen	Alle Durchmesser			h 6	
Umfangslast für Innenring oder unbestimmte Lastrichtung	Kleine und veränderliche Belastungen	Elektrische Geräte, Werkzeugmaschinen, Pumpen, Ventilatoren, Förderwagen	≦ 18	—	—	h 5	Unter kleinen Belastungen sind solche verstanden, die in der Regel nicht größer sind als 6 bis 7% der Tragzahl C. Für sehr genaue Lagerungen verwendet man j 5, k 5 und m 5 anstatt j 6, k 6 und m 6.
			(18) . . 100	≦ 40	≦ 40	j 6	
			(100) . . 200	(40) . . 140	(40) . . 100	k 6[1]	
			—	(140) . . 200	(100) . . 200	m 6	
	Normale und große Belastungen	Lagerungen im allgemeinen, Elektromotoren, Turbinen, Pumpen, Verbrennungsmotoren, Zahnradgetriebe, Holzbearbeitungsmaschinen	≦ 18	—	—	j 5	Für Kegellager kann in der Regel k 6 bzw. m 6 anstatt k 5 bzw. m 5 verwendet werden, da die Rücksichtnahme auf die Verminderung der Lagerluft wegfällt.
			(18) . . 100	≦ 40	≦ 40	k 5[1]	
			(100) . . 140	(40) . . 100	(40) . . 65	m 5[1]	
			(140) . . 200	(100) . . 140	(65) . . 100	m 6	
			(200) . . 280	(140) . . 200	(100) . . 140	n 6	
			—	(200) . . 400	(140) . . 280	p 6	
			—	—	(280) . . 500	r 6	
			—	—	> 500	r 7	
	Große Belastungen und Stoßbelastungen bei schweren Betriebsverhältnissen	Achslager für Lokomotiven und andere schwere Schienenfahrzeuge, Bahnmotoren	—	(50) . . 140	(50) . . 100	n 6	Es sind Lager mit größerer Lagerluft als der normalen zu verwenden.
			—	(140) . . 200	(100) . . 140	p 6	
			—	—	(140) . . 200	r 6	
			—	—	(200) . . 500	r 7	
	Reine Axialbelastungen	Lagerungen aller Art	Alle Durchmesser			j 6	
Lager mit kegeliger Bohrung und kegeliger Hülse							
	Beliebige Belastungen	Allgemeiner Maschinenbau Achslager für Schienenfahrzeuge	Alle Durchmesser			h 9/IT 5	Die Bezeichnung IT 5 und IT 7 nach den Toleranzsymbolen bedeuten, daß die Abweichungen der Welle von der gedachten geometrischen Form, z. B. die Unrundheit und Konizität, die Toleranz der Qualität 5 bzw. 7 nicht überschreiten dürfen.
		Transmissionswellen				h 10/IT 7	

bei Wellen für Axiallager

Betriebsverhältnisse		Lagerart	Wellendurchmesser in mm	Toleranzfeld nach ISA
Führung durch besonderes Radiallager	Reine Axialbelastungen	Axialkugellager	Alle Durchmesser	j 6
Punktlast für die Wellenscheibe	Zusammengesetzte axiale und radiale Belastungen	Axialrollenlager	Alle Durchmesser	j 6
Umfangslast für die Wellenscheibe oder unbestimmte Lastrichtung			≦ 200	k 6
			(200) · · 400	m 6
			> 400	n 6

[1] Für zweireihige Schräglager ist kein festerer Sitz als j 5 zu nehmen.

Tabelle 7. *Anleitung für die Wahl der Passung bei*
Gehäusen aus Gußeisen oder Stahl für Radiallager[1]

Betriebsverhältnisse			Beispiele	Toleranzfeld nach ISA	Anmerkungen[2]
Ungeteilte Gehäuse	Umfangslast für Außenring	Schwerbelastete Lager, insbesondere in dünnwandigen Gehäusen Große Stoßbelastungen	Radnaben mit Rollenlagern, Pleuellager, Kranlaufräder	*P* 7	Der Außenring ist nicht verschiebbar
		Normale und große Belastungen	Radnaben mit Kugellagern, Pleuellager	N 7	
		Kleine und veränderliche Belastungen	Förderrollen, Seilrollen, Riemenspannrollen	M 7	
	Unbestimmte Lastrichtung	Große Stoßbelastungen	Elektrische Bahnmotoren		
		Große und normale Belastungen, Verschiebbarkeit des Außenringes nicht erforderlich	Elektromotoren, Pumpen, Kurbelwellenhauptlager	K 7	Der Außenring ist in der Regel nicht verschiebbar
Geteilte oder ungeteilte Gehäuse		Normale und kleine Belastungen, Verschiebbarkeit des Außenringes erwünscht	Elektromotoren, Pumpen, Kurbelwellenhauptlager	J 7	Der Außenring ist in der Regel verschiebbar
	Punktlast für Außenring	Stoßbelastungen, Möglichkeit vollkommener Entlastung	Achslager für Schienenfahrzeuge		
		Beliebige Belastungen	Lagerungen im allgemeinen	H 7	Der Außenring ist leicht verschiebbar
		Normale und kleine Belastungen bei einfachen Betriebsverhältnissen	Transmissionen	H 8	
		Wärmezufuhr durch die Welle	Trockenzylinder	G 7	
Ungeteilte Gehäuse	Besonders genaue Lagerungen	Sehr genauer Lauf und kleine Federungen bei veränderlichen Belastungen	Rollenlager der Hauptspindeln in Werkzeugmaschinen $D > 250$ mm $250 \geqq D > 125$ mm $D \leqq 125$ mm	P 6 N 6 M 6	Der Außenring ist nicht verschiebbar
		Sehr genauer Lauf bei kleinen Belastungen und unbestimmter Lastrichtung	Kugellager auf der Arbeitsseite von Schleifspindeln, Festlager schnellaufender Umlaufgebläse	K 6	Der Außenring ist in der Regel nicht verschiebbar
		Sehr genauer Lauf, Verschiebbarkeit des Außenringes erwünscht	Kugellager auf der Antriebsseite von Schleifspindeln, Loslager schnellaufender Umlaufgebläse	J 6	Der Außenring ist verschiebbar

bei Gehäusen aus Gußeisen oder Stahl für Axiallager[2]

Betriebsverhältnisse		Lagerart	Toleranzfeld nach ISA	Anmerkungen
Radiale Führung durch besonderes Radiallager	Reine Axialbelastungen	Axialkugellager	H 8	Bei weniger genauen Lagerungen wird die Gehäusescheibe mit radialem Spiel eingebaut $\approx 0{,}002$ Dg
		Axialrollenlager (Scheiben-Tonnenlager)	—	Die Gehäusescheibe wird mit radialem Spiel $\approx 0{,}002$ Dg eingebaut
Punktlast für Gehäusescheibe	Zusammengesetzte axiale und radiale Belastungen	Axialrollenlager (Scheiben-Tonnenlager)	J 7	
Umfangslast für Gehäusescheibe oder unbestimmt			K 7	Im allgemeinen
			M 7	Bei verhältnismäßig hoher Radialbelastung

[1] Für Gehäuse aus Leichtmetall wählt man gewöhnlich eine Toleranz, die eine etwas festere Passung ergibt als die Toleranzen gemäß der Tafel.
[2] Die Angaben über die Verschiebbarkeit des Außenringes dienen zur Beurteilung der Eignung der betreffenden Toleranz für geschlossene Lager, welche als Loslager eingebaut werden.

ermöglichen die Überbrückung einer recht großen Toleranz. Bei dieser Befestigung der Lager kann daher unbedenklich der Gütegrad „7“ Anwendung finden. Wenn die Unrundheit beschränkt wird, ist sogar die Qualität „10“ geeignet.

Für Gehäusesitzflächen gilt Qualität „6“ als feinster Gütegrad. Eine weitere Beschränkung ist wegen der wesentlich größeren Bearbeitungsschwierigkeit und der Gefahr des Verziehens, die eine engere Toleranz illusorisch machen würde, unnötig. Die gröberen Qualitäten „7“ und „8“ sind immer zulässig, wenn Belastung und Drehzahl gering sind. Die Qualität „6“ bei den Toleranzfeldern *M*, *K*, *J* und *H* ist in erster Linie für kleine und mittlere Lager vorzusehen, bei denen die Lagerluft in empfindlicher Weise beeinflußt werden kann.

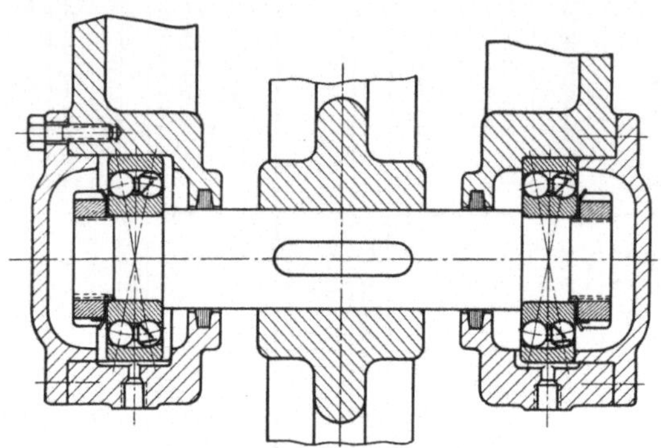

Abb. 119. Lagerung einer Bandsäge.

Wenn bei Wälzlagern von ISA-Passungen gesprochen wird, ist zu beachten, daß weder die Mantel- noch die Bohrungstoleranzen den Toleranzfeldern *h 5* bzw. *K6* entsprechen. Man hat die alten Grenzabmaße für Wälzlager beibehalten und dafür die Symbole *hB* und *KB* eingeführt. (Siehe Abb. 117 und 118.)

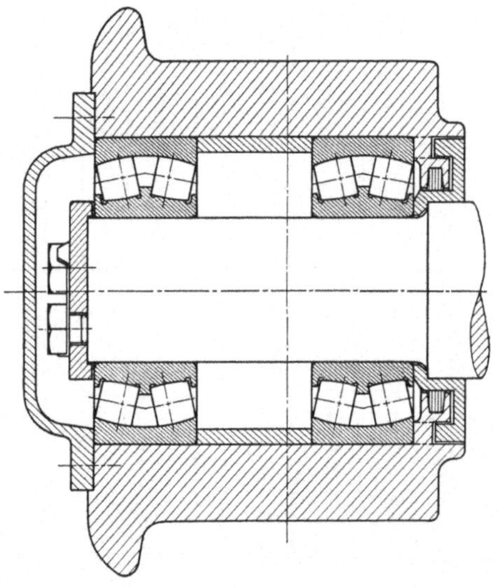

Abb. 120. Laufrolle für das Raupenband eines Baggers.

2,32. Axiale Befestigung und Sicherung der Rollbahnringe.

Obwohl man in vielen Fällen annehmen kann, daß sich die axiale Lage aufgepreßter Rollbahnringe nicht ändert, ist es oft aus Gründen der Sicherheit notwendig, eine Begrenzung in Achsrichtung vorzunehmen. Die dafür in Betracht kommenden Befestigungsanordnungen sind verschiedenartig, je nach der Bauart der Maschine und ihrer Teile. Eine normale Ausführung zeigt Abb. 119. Der zylindrische Innenring liegt auf der einen Seite an einem Wellenbund, auf der anderen Seite sitzt eine Ringmutter, die mit mehreren Nuten versehen ist, um in möglichst vielen Stellungen durch einen Lappen des Sicherungsbleches festgehalten werden zu können. Statt der Wellenbunde werden auch häufig Abstandshülsen benutzt.

In Abb. 120 wird eine mit Schrauben befestigte Scheibe zur axialen Begrenzung benutzt. Auf der anderen Seite stützt sich der Innenring gegen die Seitenfläche des Labyrinthringes ab, der seinerseits an einem Wellenbund liegt. In solchen Fällen ist darauf zu achten, daß die Abstandshülse, also hier der Labyrinthring, gegenüber der Hohlkehle genügend weit vorsteht, um zu vermeiden, daß die Rundungsfläche des Lagers die Hohlkehle berührt. Auch die innere Hülsenkante darf nicht in der Hohlkehle aufsitzen. Bei Verwendung einer einzigen Schraube muß dafür gesorgt werden, daß die Scheibe am Drehen gehindert wird.

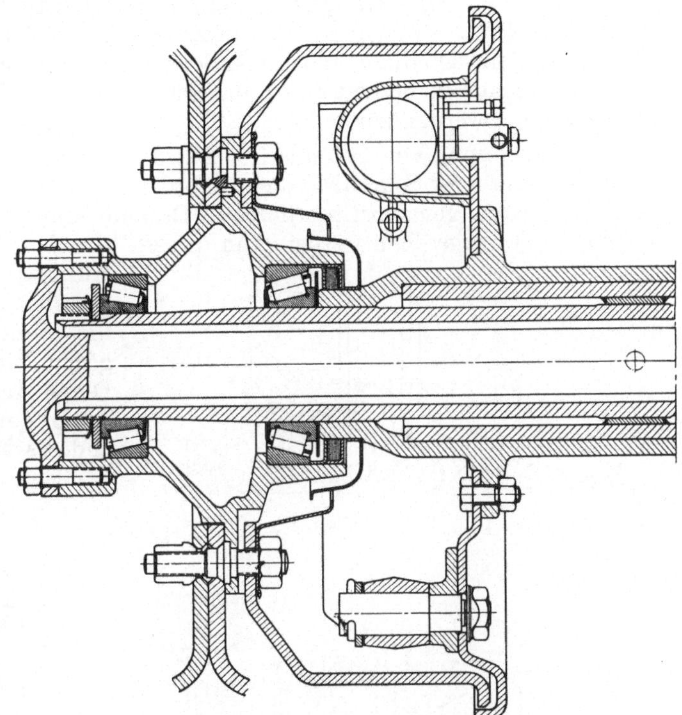

Abb. 121. Hinterradlagerung eines Lastkraftwagens.

Besondere Beachtung verdient die Befestigung der Innenringe von Kegelrollenlagern bei Vorderrädern von Kraftwagen oder Losrädern von Förderwagen. Eine Anordnung mit einer verhältnismäßig schmalen Ringmutter und der normalen Blechsicherung genügt nicht. Da die Innenringe nur lose angestellt werden können, erhält das Gewinde der Mutter keine genügende Spannung, um sich einem Lockern zu widersetzen. Deshalb muß in solchen Fällen für eine kräftige Sicherung gesorgt werden (Abb. 121). Damit die aus einem „Wandern" des Innenringes herrührenden Reibkräfte nicht auf die Mutter übertragen werden, ist zwischen Innenring und Mutter eine Scheibe eingeschaltet, die mit einer Nase in eine Nut der Welle faßt. Dadurch wird gleichzeitig der Vorteil erreicht, daß das Sicherungsblech nicht beansprucht und ein Abscheren des Lappens vermieden wird.

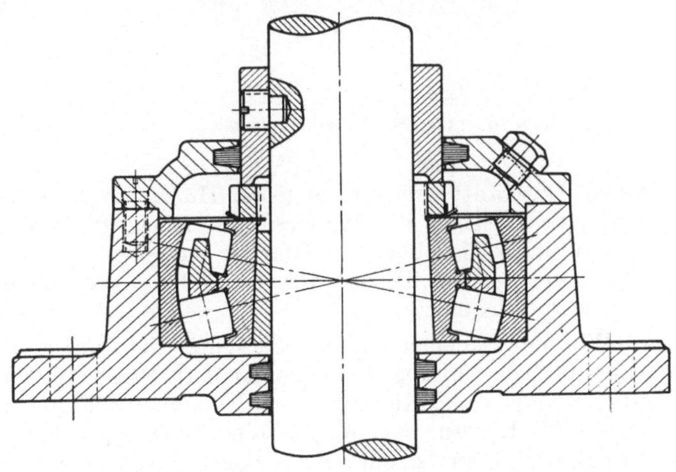

Abb. 122. Lager einer kleinen vertikalen Wasserturbine.

Bei geringen Längsdrücken kann als axiale Befestigung ein Sprengring benutzt werden. Dann muß aber ein gewisses Spiel in Achsrichtung in Kauf genommen werden, weil sich solche Sprengringe nicht mit axialer Spannung einsetzen lassen. Für untergeordnete Fälle können auch Stellringe mit Madenschraube, Splinte, Kerbstifte oder Spannstifte als Sicherung verwendet werden.

Bei Spannhülsen wird normalerweise keine axiale Begrenzung vorgesehen. Man rechnet damit, daß die Reibung zwischen Hülse und Zapfen genügt, um die normalen Schubkräfte, etwa aus der Wärmedehnung, aufzunehmen. Das gleiche ist der Fall bei den sog. Klemmhülsen, die durch Umbiegen der dünnen Ecken gesichert werden. Für hohe axiale Belastung sind diese Befestigungsanordnungen nicht verwendbar, es sei denn, daß eine Sicherung gegen seitliche Bewegungen vorgesehen wird (Abb. 122). An sich gehören zwar erhebliche Kräfte dazu, um die Reibung zu überwinden. Da diese jedoch von dem Grad des Festspannens abhängt, besteht keine genügende Sicherheit dafür, daß die vorkommenden Schubkräfte tatsächlich aufgenommen werden können.

Die Anordnung von Spannhülsen hat den Vorteil, daß eine axiale Befestigung durch Muttern oder Schrauben nicht erforderlich ist. Es ist aber schwierig, die Lage in Achsrichtung genau zu bestimmen. Deshalb muß in den Gehäusen seitlich genügend Luft vorgesehen werden. Um diesen Mangel zu beseitigen, kann auch eine Ausführung entsprechend Abb. 123 gewählt werden, bei welcher sich die Seitenfläche des Innenringes gegen einen Abstandsring stützt. Diese Anordnung gewährt gleichzeitig einen leichten Ausbau. Ein anderes Mittel zur Begrenzung der axialen Bewegungen besteht in einem Einschnitt von der Länge der Hülse, die dann zweiteilig ausgeführt werden muß, um zwischen die Wellenschultern gelegt werden zu können. Eine solche Ausführung zeigt Abb. 124. Hier ist auch auf der anderen Seite der Hülse eine Mutter vorgesehen, die nur den Zweck hat, den Innenring leicht von dem Konus treiben zu können.

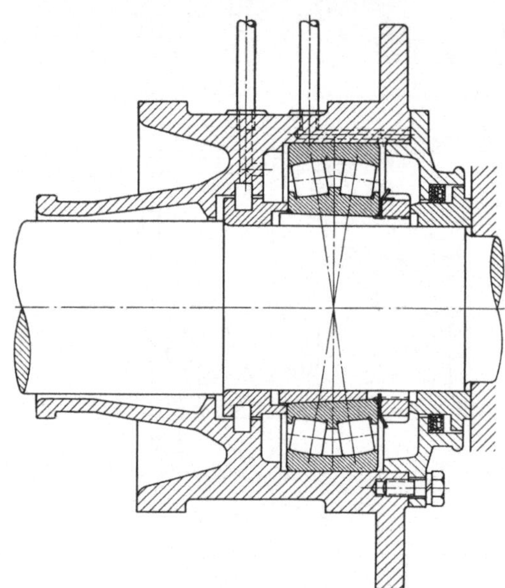

Abb. 123. Lager für Antriebswelle für Turas.

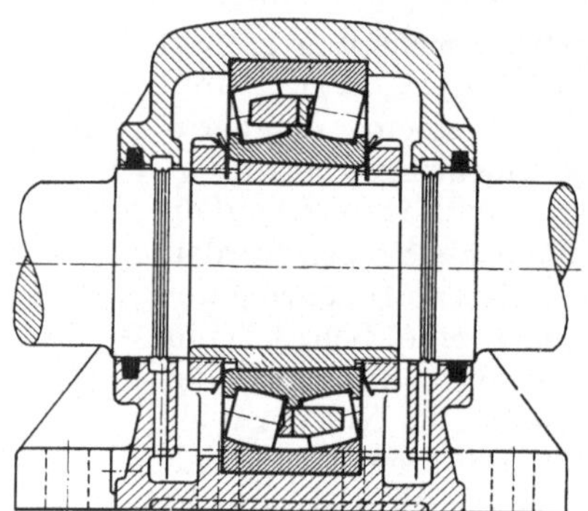

Abb. 124. Schiffsdrucklager für kleine Seeschiffe.

Will man bei einer Hülsenbefestigung nicht nur eine bestimmte Lage des Wälzlagers in Achsrichtung erreichen, sondern eine vollkommen sichere Befestigung in radialer und axialer Richtung auch bei hohen Kräften, so verwendet man, besonders bei großen Lagern, sog. Abziehhülsen, wie sie in den Abb. 75, 76, 77, 79 und 81 gezeigt sind. Der Innenring des Lagers stützt sich dabei mit der Seitenfläche auf der engeren Bohrungsseite gegen eine feste Anlagefläche auf der Welle ab, und die Hülse wird in die kegelige Lagerbohrung um ein bestimmtes Maß gepreßt.

Die Werte, um welche die Abziehhülsen den Innenring von Pendelrollenlagern aufweiten beziehungsweise die Lagerluft vermindern dürfen und die Werte, um welche die Hülse gegenüber dem Lager axial verschoben werden darf, sind aus den nachstehenden Tabellen 8 und 9 zu entnehmen. Nur in besonderen Fällen soll von

Tabelle 8. *Pendelrollenlager mit kegeliger Bohrung und normaler Lagerluft. Gewöhnliche Betriebsverhältnisse.*

Lagerbohrung d in mm		Radiale (Anfangs-) Luft in μ = 0.001 mm		Aufweitung = Luftverminderung in μ = 0.001 mm		Kleinstes erforderliches Spiel nach dem Einbau in μ = 0.001 mm	Axiale Verschiebung zwischen Innenring und Hülse in mm	
über	bis	min.	max.	min.	max.		min.	max
30	40	35	50	20	25	15	0,35	0,40
40	50	45	60	25	30	20	0,40	0,45
50	65	55	75	30	40	25	0,45	0,60
65	80	65	90	40	50	25	0,60	0,75
80	100	80	110	45	60	35	0,70	0,90
100	120	100	135	50	70	50	0,75	1,10
120	140	120	160	65	90	55	1,10	1,4
140	160	130	180	75	100	55	1,2	1,6
160	180	140	200	80	110	60	1,3	1,7
180	200	160	220	90	120	70	1,4	1,9
200	225	180	250	100	140	80	1,6	2,2
225	250	200	270	110	150	90	1,7	2,4
250	280	220	300	120	160	100	1,9	2,5
280	315	240	330	130	190	110	2,0	3,0
315	355	270	360	150	210	120	2,4	3,3
355	400	300	400	170	230	130	2,6	3,6
400	450	330	440	200	260	130	3,1	4,0
450	500	370	490	210	280	160	3,3	4,4

Tabelle 9. *Pendelrollenlager mit kegl. Bohrung u. größerer Lagerluft* (*Ausführung C 3*). *Schwere Betriebsverhältnisse*[1].

Lagerbohrung d in mm		Radiale (Anfangs-) Luft in μ = 0.001 mm		Aufweitung = Luftverminderung in μ = 0,001		Kleinstes erforderliches Spiel nach dem Einbau in μ = 0.001 mm	Axiale Verschiebung zwischen Innenring und Hülse in mm	
über	bis	min.	max.	min.	max.		min.	max.
65	80	90	120	50	60	40	0,75	0,90
80	100	110	140	60	70	50	0,90	1,1
100	120	135	170	70	90	65	1,10	1,4
120	140	160	200	80	100	80	1,3	1,6
140	160	180	230	90	120	90	1,4	1,9
160	180	200	260	100	140	100	1,6	2,2
180	200	220	290	120	160	100	1,9	2,5
200	225	250	320	130	180	120	2,0	2,8
225	250	270	350	140	200	130	2,2	3,1
250	280	300	390	160	220	140	2,5	3,5
280	315	330	430	180	250	150	2,8	3,9
315	355	360	470	190	260	170	3,0	4,0
355	400	400	520	210	290	190	3,3	4,5
400	450	440	570	240	320	200	3,7	5,0
450	500	490	630	260	340	230	4,0	5,3

diesen Richtwerten abgegangen werden, wenn z. B. eine besonders große oder kleine Lagerluft notwendig ist.

In diesem Zusammenhang sei noch kurz auf das Druckölverfahren der SKF zum Zusammenfügen und Lösen von Preßverbänden hingewiesen, das nicht nur bei

[1] Schwere Betriebsverhältnisse sind solche, bei denen „Umfangslast für den Innenring" und große, mit Stößen verbundene Belastungen vorherrschen (z. B. Achslager für Lokomotiven und Eisenbahnwagen). Die Tafel gilt auch für Lager mit größerer Luft, wenn erhöhtes Lagerspiel nach dem Einbau aus dem einen oder anderen Grunde notwendig ist.

großen Wälzlagern, welche mit kegeligem Sitz direkt auf der Welle sitzen, und bei großen Abziehhülsen (s. Abb. 77), sondern auch bei anderen Preßverbänden, wie z. B. Kurbelwellen, Kupplungen und Eisenbahnrädern, Verwendung finden kann. Bei den letzteren werden schwache Kegel 1:30 oder 1:50 gewählt, durch Kanäle in der Welle oder der Nabe wird unter sehr hohen Drücken Öl in die Paßfugen gedrückt. Dadurch wird das Zusammenfügen und Lösen des Verbandes mit sehr geringem Kraftaufwand und ohne Beschädigung der Paßflächen ermöglicht. Auch bei zylindrischen Sitzen ist das Druckölverfahren von Vorteil beim Abziehen des Verbandes oder beim Ausrichten der Teile. Beim Zusammenfügen wird die Nabe erwärmt. Abb. 125 zeigt die Kurbelwelle eines modernen Dieselmotors, bei dem der Kurbelzapfen nach dem Druckölverfahren in die Kurbelwangen eingesetzt ist.

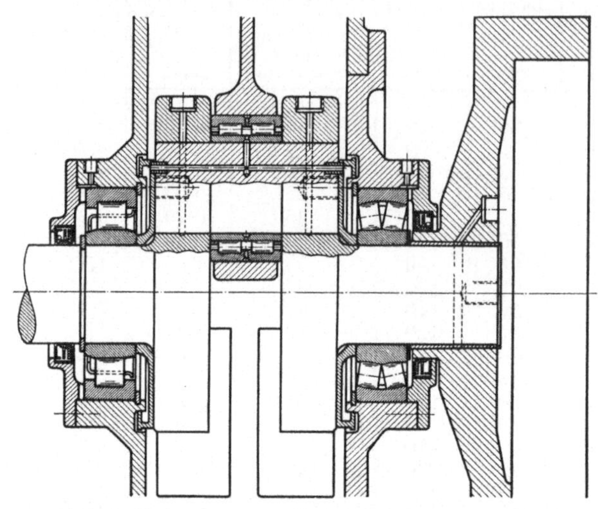

Abb. 125. Kurbelwelle eines Dieselmotors, Kurbelzapfen und Schwungrad nach dem SKF-Druckölverfahren zusammengefügt.

Dadurch ist die Verwendung eines Pleuelrollenlagers mit einteiligem Pleuelkopf und ein leichter Ein- und Ausbau möglich; auch das Schwungrad ist unter Verwendung einer dünnen Kegelhülse leicht ein- und auszubauen.

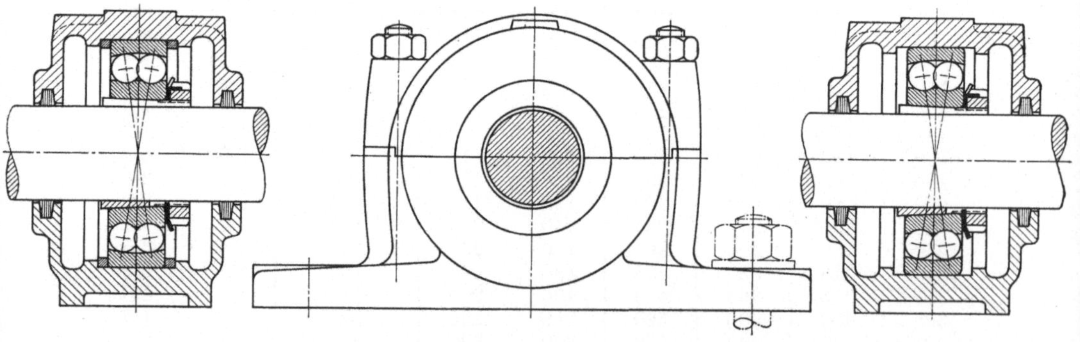

Abb. 126. Stehlager (Fest- und Loslager) Gehäuse geteilt.

Die axiale Festlegung der Außenringe geschieht durch Anlageflächen des Gehäuses oder der Deckel. Bei geteilten Stehlagergehäusen werden zur axialen Begrenzung Festringe vorgesehen, die entweder an den Gehäuseschultern abgestützt werden (Abb. 126), oder in Nuten liegen damit die gleichen Gehäuse für die Loslager Verwendung finden können. Bei Spezialgehäusen, die nur in einzelnen Stücken angefertigt werden, bilden die Seitenflächen unmittelbar die Begrenzung für die Bewegung des Außenringes. Das Loslagergehäuse wird mit entsprechend größerer Entfernung der Anlageflächen ausgeführt. Bei geteilten Gehäusen mit beiderseits angegossenen Seitenwänden ist also eine genaue Festlegung des Führungslagers nicht möglich; es bleibt immer eine gewisse Luft wegen der notwendigen Toleranz der Außenringbreite und des Maßes zwischen den Anlageflächen.

Bei Gehäusen mit einteiligen Tragkörpern benutzt man entweder die Ausführung nach Abb. 127 oder die Form Abb. 128. Die Ansätze der Deckel des Festlagers sind so zu bemessen, daß der Außenring entweder festgespannt wird oder eine seitliche Luft von etwa 0,1···0,2 mm besitzt. Die letztere Ausführung hat den Vorteil, daß die Deckelflanschen fest am Gehäuse liegen und eine einfache Papierscheibe als

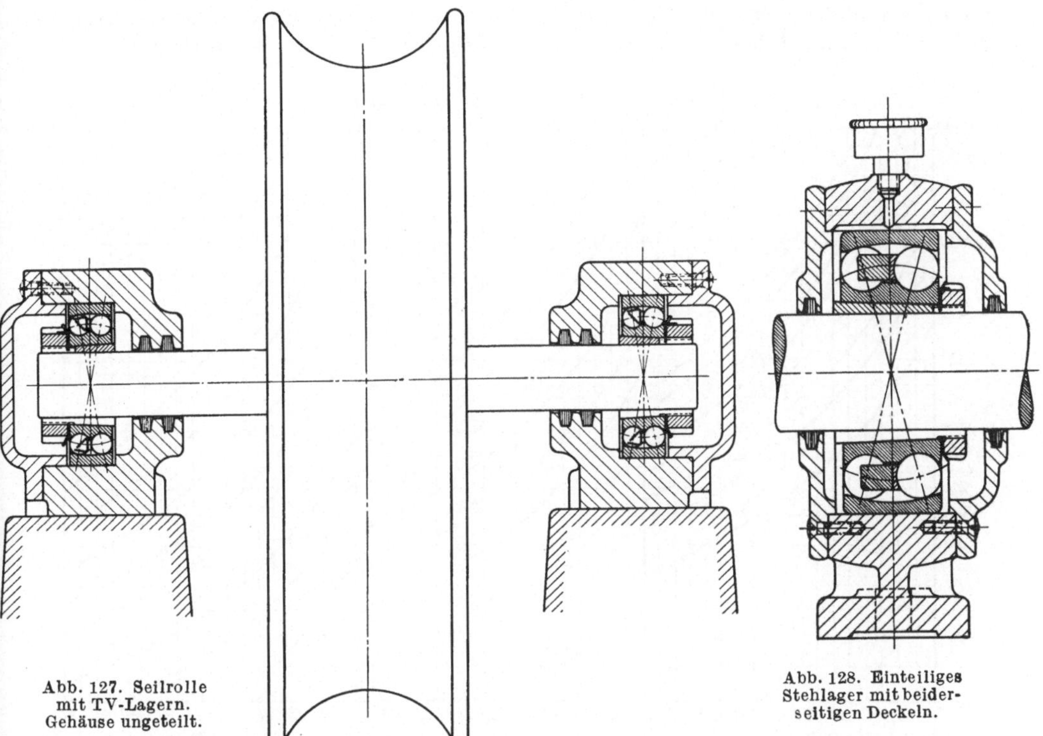

Abb. 127. Seilrolle mit TV-Lagern. Gehäuse ungeteilt.

Abb. 128. Einteiliges Stehlager mit beiderseitigen Deckeln.

Dichtung genügt. Sie kann aber nur verwendet werden, wenn die dabei entstehende Luft auf Grund der Arbeitsbedingungen der Maschine zulässig ist. Werden die Außenringe mit den Ansätzen der Deckel festgespannt, dann entsteht Luft zwischen dem Flansch und dem Gehäuse, die durch eine elastische Packung ausgeglichen werden muß.

2,4. Schmierung.

Durch die Betriebsbedingungen werden nicht nur Lagergröße und -art, sondern auch Schmierung und Abdichtung entscheidend beeinflußt. Die Konstruktion einer Lagerung ist erst vollkommen, wenn sie allen diesen Umständen Rechnung trägt.

Wie in Abschn. 1,3 geschildert wurde, treten an den Berührungsstellen der Rollkörper mit den Rollbahnen kleine Gleitungen auf, ebenso zwischen Borden und Seitenflächen von Rollen, die Rollkörper drehen sich gleitend in den Taschen der Käfige, und vielfach sind auch die Käfige gleitend auf Borden der Innen- oder Außenringe geführt. Auf eine Schmierung kann daher bei Wälzlagern nicht verzichtet werden.

Das Schmiermittel hat außerdem noch die Aufgabe, das Lager vor Korrosion zu schützen, welche durch Wasser (Luftfeuchtigkeit, Kondenswasser) oder andere chemische Einflüsse verursacht werden könnte. Es kann auch dazu beitragen, das Eindringen von Staub und Schmutz oder Metallteilchen ins Lagerinnere zu verhindern.

Besonders geeignet ist in dieser Beziehung die Schmierung mit Fett, welches auch deswegen bevorzugt wird, weil es nicht so leicht durch die Gehäusedichtungen läuft wie Öl und daher einen sauberen Betrieb der Maschine gewährleistet.

Tabelle 10. *Schmierfristen für Wälzlager.*

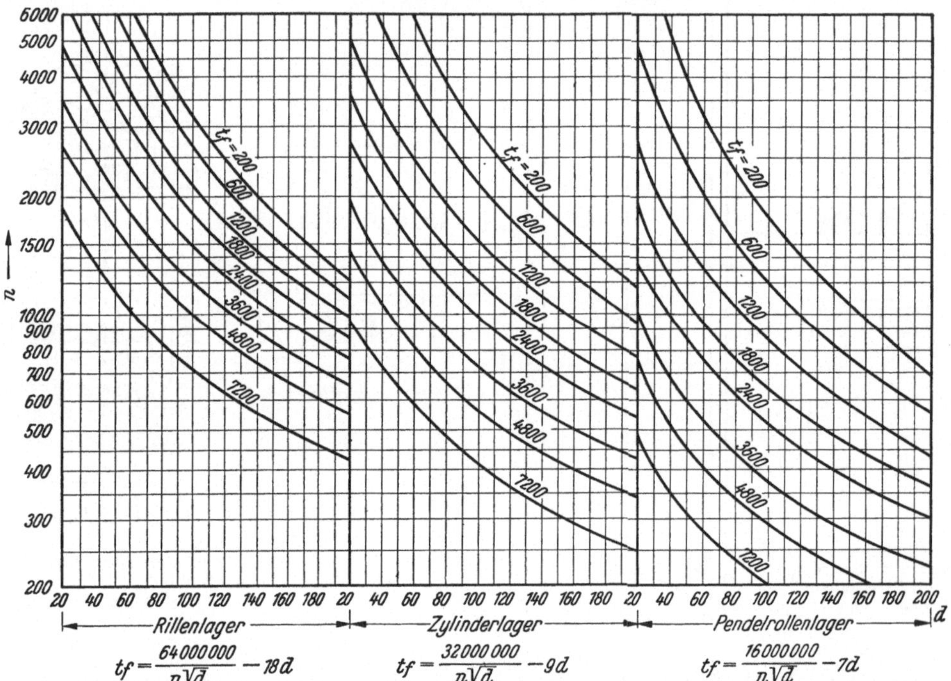

Die Fettmenge, welche ein Lager zur Schmierung braucht, ist gering, aber es muß die Gewähr gegeben sein, daß es wirklich ins Innere des Lagers kommt. Deswegen ist es zweckmäßig, bei der Montage das Innere der Wälzlager mit Fett zu füllen und die freien Räume im Gehäuse neben dem Lager nur zum Teil, im allgemeinen zur Hälfte, mit Fett zu versehen. Übermäßig große Fetträume neben dem Lager sind zwecklos, da erfahrungsgemäß nur das in unmittelbarer Nähe des Lagers befindliche Fett zur Schmierung des Lagers beiträgt, während weiter entfernte Mengen an den Gehäusewänden unbeweglich kleben bleiben, wenn nicht starke Bewegungen oder Erschütterungen vorkommen.

Wird das Lagergehäuse zu reichlich mit Fett gefüllt, so tritt durch die Knetwirkung bei höheren Drehzahlen eine unzulässig hohe Erwärmung auf, die zu einer Zersetzung des Fettes führen kann. Es verliert dann seine Schmierfähigkeit, und die Folge ist eine Beschädigung des Lagers. Aus diesem Grunde ist es auch zwecklos, durch reichliches Nachschmieren ein Warmlaufen der Lager verhindern zu wollen, wenn Einbaufehler und nicht Schmiermittelmangel die Ursache sind; Nachschmiervorrichtungen sind nur dann von Nutzen, wenn eine Überfüllung der Gehäuse nicht zu erwarten ist.

Dagegen können Lager, welche mit geringer Drehzahl laufen und gegen Eindringen von Wasser geschützt werden sollen, vorteilhafterweise ganz mit Fett gefüllt werden (z. B. Siebleitwalzen von Papiermaschinen).

Durch den Walkprozeß, den das Schmiermittel erfährt, ist die Schmierfrist begrenzt, und zwar in Abhängigkeit von Drehzahl und Lagergröße. Das von SKF herausgebrachte Schaubild (Tabelle 10) zeigt die Schmierfristen in Abhängigkeit von Lagerart und -größe sowie Drehzahl pro Minute. Nach Ablauf der Schmierfrist muß eine Nachschmierung erfolgen.

Bei geteilten Stehlagergehäusen kann der obere Deckel abgenommen und nach Entfernen des alten Fettes neues eingefüllt werden. Wird die Nachschmierung

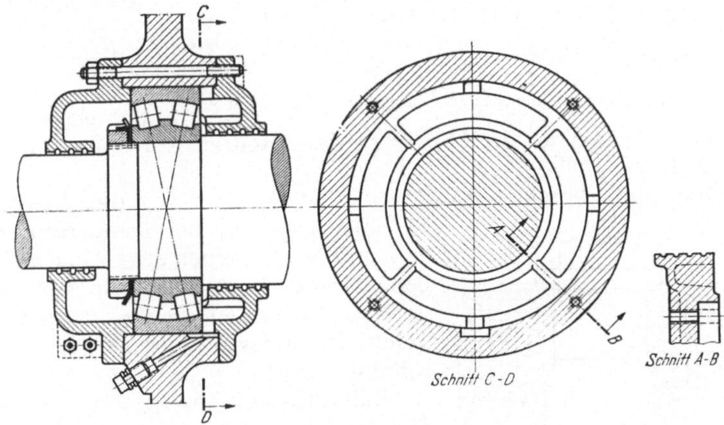

Abb. 129. Lagergehäuse mit Fettförderrippen am inneren Deckel.

durch Schmiernippel mittels einer Fettspritze vorgenommen, so ist es zweckmäßig die Zufuhrkanäle dicht neben dem Wälzlager münden zu lassen, damit das neue Fett nach Verdrängung des alten unmittelbar an das Lager kommt.

Man kann auf der einen Seite neben dem Lager einen ziemlich schmalen Fettraum, in welchen der Schmierkanal mündet, und auf der Gegenseite einen breiteren Raum zur Ablagerung des alten Fettes vorsehen, wo es nach Abnehmen eines Deckels von Zeit zu Zeit entfernt werden kann (Abb. 129). Das Wandern des Fettes durch das Wälzlager kann noch mittels mehrerer radialer Rippen auf der Zufuhrseite, die nahe seitlich an das Lager reichen, unterstützt werden.

Bei Lagern, welche häufig nachgeschmiert werden müssen, oder an welche schwer heranzukommen ist, vor allem aber bei Maschinen im Dauerbetrieb, ist der von SKF entwickelte Fettmengenregler von großem Nutzen. Auch hier wird, wie vorher erwähnt, das Fett auf der einen Seite des Lagers einem engen, durch Rippen abgegrenzten Segmentraum zugeführt; auf der anderen Seite des Lagers wird bei horizontaler Welle der Fettraum durch einen abgeschrägten Ring abgegrenzt, dessen Bohrung ungefähr den Durchmesser des Rollkörpermittenkreises aufweist. Hat das durch das Lager gelangte Fett den Raum ringsherum bis zum Mittenkreis angefüllt, so wird es durch die davor liegende Schleuderscheibe erfaßt und durch einen engen Spalt nach einer Ablauföffnung befördert. Man kann während des Betriebes jederzeit nachschmieren, ohne daß eine unzulässige Erwärmung durch Überfüllung eintritt (Abb. 130).

Bei senkrechten Wellen kann die Schleuderscheibe oberhalb oder unterhalb des Lagers angeordnet werden. Wie in Abb. 131 a gezeigt, wird der Außendurchmesser der obenliegenden Schleuderscheibe wesentlich größer als der des Außenringes gemacht, während die untenliegende Schleuderscheibe dicht ans Lager gerückt, mit dem Deckel einen sich nach unten erweiternden Spalt bildet (Abb. 131 b).

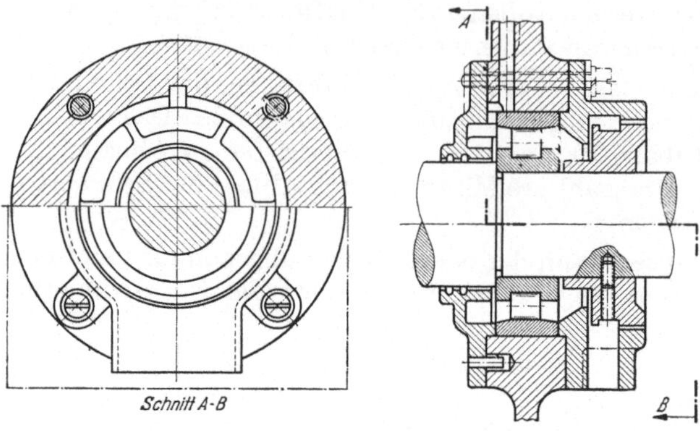

Abb. 130. Fettmengenregler der SKF für waagerechte Wellen.

Bei senkrechten Wellen muß durch Dichtungsscheiben od. dgl. verhindert werden, daß das Fett nach unten wegsackt, so wie dies bei dem oberen Lager der in Abb. 132 a dargestellten Stützrolle mit senkrechter Achse der Fall ist.

Als Schmierfett kommt säurefreie Vaseline, die ein gutes Rostschutzmittel ist, allerdings nur bei Temperaturen zwischen 0° C und 40° C, wegen des geringen Temperaturbereiches nur noch selten zur Anwendung.

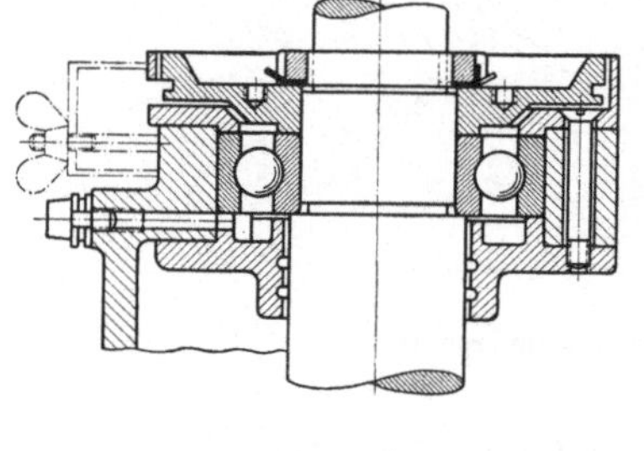

Man verwendet heute überwiegend Fette, welche mit Mineralöl durch Verseifung an Metalle gebunden sind.

Kalkfette sind wasserfest. Sie können für Temperaturbereiche von —30° bis +50° C verwendet werden. Alkali- und Natronfette haben meistens eine mehr oder weniger große Fähigkeit, mit Wasser zu emulgieren. Sie sind für Temperaturbereiche von — 30 bis + 80° C und darüber verwendbar. Neuerdings wird in Deutschland auch Lithiumfett hergestellt, das einen Temperaturbereich von —40 bis +100° C zu überbrücken vermag.

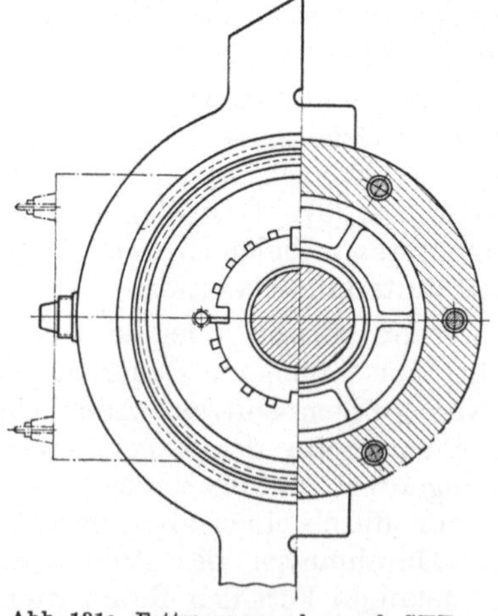
Abb. 131a. Fettmengenregler nach SKF mit oben angeordneter Schleuderscheibe.

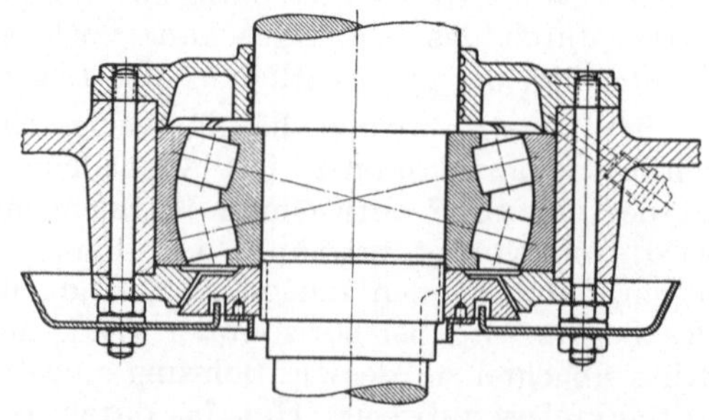
Abb. 131b. Fettmengenregler nach SKF mit unten liegender Schleuderscheibe.

Für die Verwendung des einen oder anderen Fettes sind die Betriebsverhältnisse, Drehzahl, Lagergröße und Lagerart in erster Linie maßgebend, und da der Preis je nach Sorte verschieden hoch ist, wird man da, wo z. B. das billigere Fett genügt und größere Mengen gebraucht werden, dieses bevorzugen.

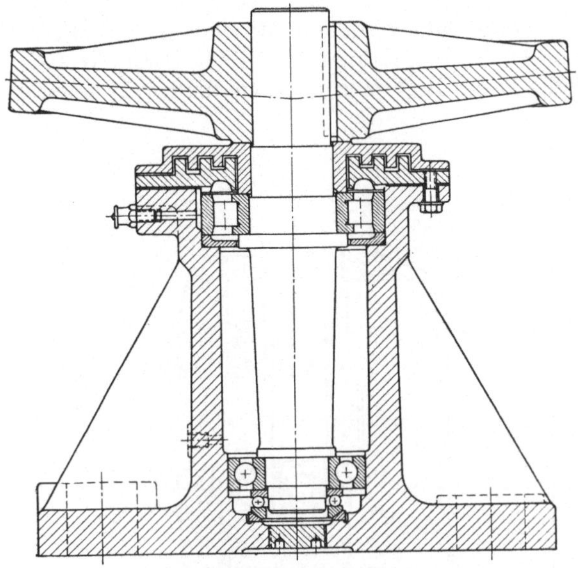

Abb. 132a. Stützrolle mit senkrechter Achse.

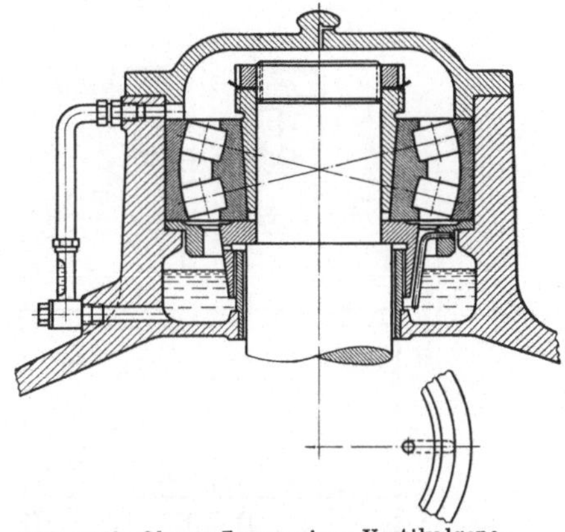

Abb. 132b. Oberes Lager eines Vertikalgenerators mit Ölförderung durch einen kegeligen Schleuderring.

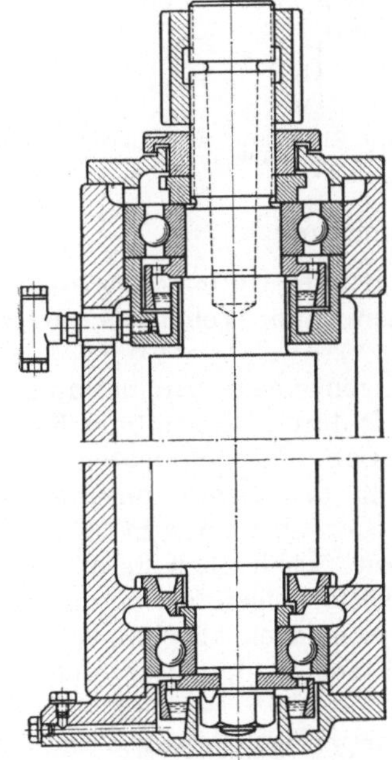

Abb. 133. Vertikale Holzfräse mit Ölförderung durch Schleuderring.

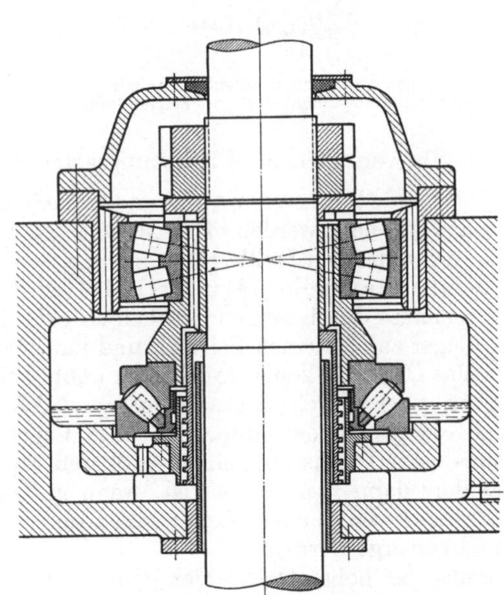

Abb. 134. Senkrechte Welle mit Ölförderung durch umlaufende Hülse mit Schraubengang.

Die Grenze der Fettschmierung ist da gegeben, wo die Schmierfristen zu kurz werden oder Temperaturen auftreten, die mit den zur Verfügung stehenden Fetten zur Zeit nicht mehr beherrscht werden können. Diese Grenze liegt nach dem oben Gesagten bei 100° C.[1] Bei höheren Temperaturen muß Ölschmierung vorgesehen werden.

Ölschmierung wird aber auch da angewendet, wo andere Maschinenteile ebenfalls mit Öl versorgt werden müssen, z. B. bei Zahnradgetrieben, Brennkraftmaschinen. Auch bei senkrechter Welle kann Ölschmierung vorteilhaft verwendet werden.

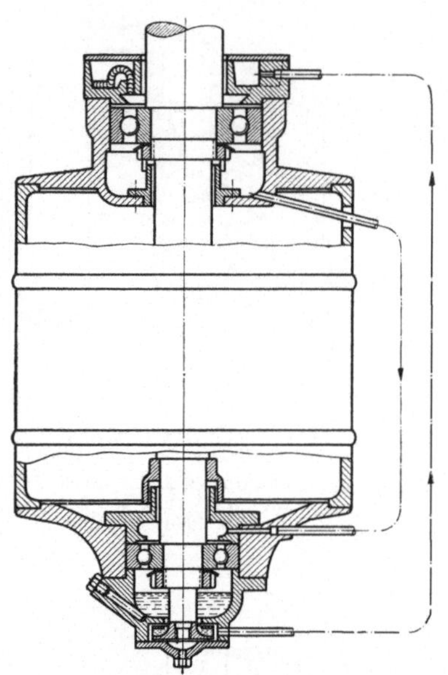

Abb. 135. Vertikale Elektrofräse mit Ölförderung durch ein kleines Schaufelrad.

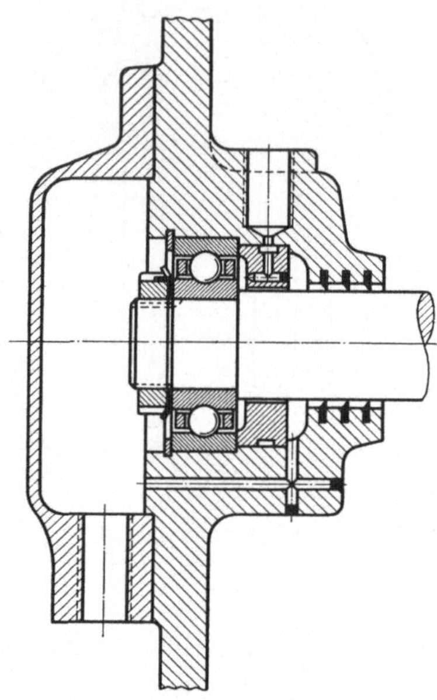

Abb. 136. Ölumlaufschmierung mit Spritzdüse.

Es gibt verschiedene Ausführungsarten der Ölschmierung:

1. Standölschmierung kann bei niederen bis mittleren Umfangsgeschwindigkeiten verwendet werden. Der Ölstand soll bei waagerechten Wellen bis etwa zur Mitte des untersten Rollkörpers reichen.

2. Ölumlaufschmierung: Dabei wird das Öl von einem Sammelraum im Lagergehäuse durch Schleuderscheiben gefördert, läuft durch Rinnen oder Kanäle dem Lager auf der einen Seite zu und auf der anderen ab. Bei senkrechten Wellen wird das Öl durch konische Flächen (Abb. 132 b u. 133) dem Lager von unten zugeführt, oder durch Schraubengänge (Abb. 134), oder aber, wie in Abb. 135 durch eine Schleuderpumpe über das Lager gepumpt. Schließlich kann das Öl mittels einer Pumpe aus einem größeren Sammelbehälter zugeführt werden, was besonders dann von Nutzen ist, wenn größere Wärmemengen abgeleitet werden sollen, oder wenn andere Lagerstellen und womöglich noch andere Maschinenteile mit Öl versorgt werden.

Selbst bei hohen Drehzahlen genügen meistens sehr geringe Ölmengen und man kann, wenn es weniger auf die Kühlwirkung ankommt, mit einem Tropföler oder einer Bosch-Ölpumpe auskommen.

[1] In USA sind neuerdings Siliconfette entwickelt worden, die für einen Temperaturbereich von —50 bis +160° C bei Schmierung von Wälzlagern verwendbar sein sollen. In Deutschland werden solche Fette vielleicht auch in einiger Zeit zur Verfügung stehen.

Wichtig ist dabei, daß das Öl von der einen Seite des Lagers zur anderen wandert und alle Teile mit Öl versorgt. Freier Ölablauf und große Abflußkanäle sind die Voraussetzung dafür.

Bei sehr hoher Umfangsgeschwindigkeit ist die Schleuderwirkung durch den Käfig und die Luftbewegung so groß, daß das Öl nicht ohne weiteres durch das Lager hindurch geht und sich ein Ölring auf der Zufuhrseite bildet, der eine starke Erwärmung verursacht. Dies kann man vermeiden, wenn man den Raum auf der Zufuhrseite schmal ausbildet und im Durchmesser nicht größer als den der Schulter des Außenringes, auf der Gegenseite aber den Gehäuseraum weit macht, mit einem Durchmesser, der mindestens so groß besser aber größer als der Außendurchmesser des Lagers ist. Eine weite Abflußöffnung muß angeordnet werden.

Am besten wird das Öl dabei durch eine Düse zwischen Innenring und Käfig gespritzt (Abb. 136). Man kann auf diese Weise große Ölmengen durch das Lager schicken und eine sehr wirksame Kühlung erzielen. Will man auf diese Weise zwei nebeneinander angeordnete Lager schmieren, so ordnet man zwischen beiden Lagern eine Düsenplatte an und legt den Ölablauf an die Außenseite jedes Lagers. Bei zwei Lagern mit verschieden großen Außendurchmessern kann man den Ölstrom vom kleineren Lager aus von einer Seite her durch beide Lager schicken, wenn auf der Außenseite ein genügend großer Raum und eine große Abflußöffnung vorgesehen werden.

Eine sehr wirksame und sparsame Schmierung für eine größere Anzahl von Lagerstellen ist dadurch zu erreichen, daß man den Lagerstellen in einem Luftstrom zerstäubtes Öl zuführt. Die Ölnebelschmierung bewirkt bei geringsten Ölmengen eine gute Kühlung der Lager und verhindert vor allem das Eindringen von Staub, weil man die Luft durch die Dichtungsspalte des Gehäuses entweichen lassen kann. Man kann den Ölnebel aus dem Luftstrom durch sog. Verdichtungsnippel abscheiden und dadurch das Öl tropfenweise den Lagern oder anderen Schmierstellen zuführen. Wichtig ist dabei, daß trockene und gefilterte Luft verwendet wird, weil sonst Kondenswasser und Staubteilchen in die Lager gelangen.

2,5. Abdichtung.

Die Abdichtung hat die Aufgabe, den Verlust von Schmiermitteln zu verhindern und schädliche Stoffe, wie Staub und Schmutz, Feuchtigkeit oder aggressive chemische Stoffe, dem Lager fernzuhalten.

Die Verschiedenartigkeit der Bedingungen, welche an zuverlässige Abdichtungen gestellt werden, ob Öl- oder Fettschmierung verwendet wird, ob das Eindringen schädlicher Stoffe verhindert werden muß, ob eine Einstellbarkeit des Lagers auch eine solche der Abdichtung bedingt, ob die Welle horizontal, schräg oder vertikal angeordnet ist, hat zur Folge, daß eine große Anzahl von Abdichtungskonstruktionen entwickelt worden sind und immer noch nach besseren und zweckmäßigeren gesucht wird.

Man kann zwei Hauptgruppen unterscheiden, nämlich gleitende und nicht gleitende Abdichtungen. Alle gleitenden Dichtungen müssen gegen glatte, geschliffene oder polierte Flächen arbeiten, damit kein Verschleiß durch Abrieb eintritt.

Von jeher hat der Filzring, welcher meistens in eine trapezförmige Nut des Gehäusedeckels eingebettet ist, wegen seiner Billigkeit und für gewöhnliche Betriebsverhältnisse ausreichenden Eigenschaften eine Vorrangstellung eingenommen. Die Geschmeidigkeit des Filzes läßt in geringem Maß eine Einstellbarkeit zu. Er muß vor dem Einbau gut mit Mineralöl getränkt werden und darf im eingebauten

Zustand nicht zu stramm sitzen, weil er sonst eine beträchtliche Erwärmung verursachen kann. Fast alle handelsüblichen Stehlager- und Spezialgehäuse sind mit Filzringen versehen. Bei hohen Temperaturen ersetzt man bisweilen den Filzring durch einen Asbest-Graphitring.

Bei Lagerstellen, wo eine zuverlässige Abdichtung gegen Schmiermittelaustritt und Eindringen von Flüssigkeiten verlangt wird, haben sich Bunamanschetten, welche meistens in einer Blechhülle gekapselt sind, gut bewährt. Eine schmale Dichtlippe wird durch einen außen herumgelegten Schraubenfederring leicht gegen die Gleitfläche an die Welle gedrückt. Die Bunadichtungsringe haben sich im Kraftwagenbau und bei Lagerstellen, die von Wasser umspült werden, sehr gut bewährt. Wenn Flüssigkeiten sicher zurückgehalten werden sollen, ordnet man zwei Ringe nebeneinander und in den Zwischenraum wird Fett gepreßt, welches zur Schmierung und Dichtung erheblich beiträgt. Wenn die Metallteile der Dichtung aus entsprechenden Werkstoffen hergestellt werden, können sie auch bei aggressiven Flüssigkeiten verwendet werden. In gewissen Fällen werden auch Stopfbüchsen bekannter Art verwendet, die aber eine ziemlich große Reibung verursachen.

Bisweilen werden als gleitende Dichtungen Metallringe, welche in axialer Richtung gegen eine Dichtfläche gedrückt werden, und Kolbenringe zur Abdichtung von Wälzlagern verwendet.

Eine metallische Dichtung, die sich in neuerer Zeit für verschiedene Anwendungsfälle gut eingeführt hat, ist die Nilos-Membrane. Sie besteht aus einer dünnen, elastischen Blechscheibe, deren innerer oder äußerer Rand umgebogen und geschliffen ist. Mit diesem Rand legt sie sich federnd an einen der Rollbahnringe des Wälzlagers, während sie gegen den anderen Ring festgespannt wird. Häufig werden auch zwei Ringe hintereinander geschaltet, wobei der äußere sich gegen eine Fläche am Gehäuse legt. Der Zwischenraum wird mit Fett gefüllt.

Beim Laufen arbeitet die Anlagefläche des umgebogenen Randes eine kleine Rille in das Gegenstück bis die Spannung so gering geworden ist, daß bei der vorhandenen Schmierung kein weiterer Verschleiß mehr eintritt.

Bei starker Staub- und Schmutzeinwirkung werden vor die gleitenden Dichtungen Labyrinthe oder wenigstens Schutzscheiben geschaltet und die Spalte beim Zusammenbau mit Fett gefüllt, um einen Verschleiß der Gleitdichtung zu verhindern.

Nicht gleitende Dichtungen haben den Vorteil, daß sie praktisch keine Reibung aufweisen, daher keinem Verschleiß unterworfen sind und für alle Drehzahlen Anwendung finden können.

Die üblichen Formen solcher Abdichtung sind sehr mannigfaltig, je nach den Betriebsbedingungen. Die einfachste Form ist die einfache Spaltdichtung, die durch glatte Wellendurchgänge in Deckeln oder Dichtungsscheiben oder Ringe entsteht. Sie genügt bei Maschinen, welche in trockenen, staubfreien Räumen aufgestellt werden. Einfache, am Innenring festgespannte Schleuderscheiben werden vielfach verwendet, um den Zutritt von metallischem Abrieb anderer Maschinenteile oder zu reichlichen Ölmengen zu unterbinden.

Bei senkrechten Wellen wird der Austritt des Schmiermittels nach unten häufig durch Anordnung von Schleuderkragen oder Standrohren unterbunden.

Bei geringer Staubentwicklung genügen für ein- und zweiteilige Gehäuse einfache Winkelringe. Bei starker Staubentwicklung und Tropfwasser werden Labyrinthdichtungen verwendet. Bei einteiligen Gehäusen oder Gehäusedeckeln werden die langen Labyrinthgänge in axialer Richtung angeordnet. Wenn zwischen umlaufenden und stillstehenden Teilen des Labyrinthes große axiale

Spalte angeordnet werden, so ist auch eine größere Längsverschiebung der Welle gegenüber dem Gehäuse möglich. Wird an dem Labyrinthring ein über einen Wulst am Deckel greifender Schleuderkragen angeordnet, so wird das Eindringen von Tropfwasser wirkungsvoll vermieden.

Bei geteilten Gehäusen werden die Labyrinthgänge radial angeordnet.

Ist eine geringe Einstellbarkeit notwendig, so verwendet man einen Labyrinthring mit schrägen Flächen; bei geteiltem Gehäuse muß dieser seitlich auf der Welle verschiebbar sein, damit die beiden Gehäusehälften abgenommen werden können.

Die Wirkung der Labyrinthdichtung wird durch eine Fettfüllung wesentlich erhöht, und bei sehr staubigem Betrieb werden besondere in das Labyrinth mündende Fettkanäle angebracht, durch welche von Zeit zu Zeit Fett nachgepreßt werden kann. Das Nachdrücken von Fett geschieht am besten bei umlaufender Welle, damit es sich auch mit Sicherheit am ganzen Umfang gleichmäßig verteilt. Das alte, verschmutzte Fett wird herausgedrückt und so ein weiteres Eindringen von Schmutz oder Flüssigkeit verhindert. In derartigen Fällen wird häufig eine gleitende Dichtung nach dem Lager zu angeordnet, insbesondere dann, wenn zur Schmierung des Lagers ein anderes Schmiermittel als zur Dichtung verwendet wird.

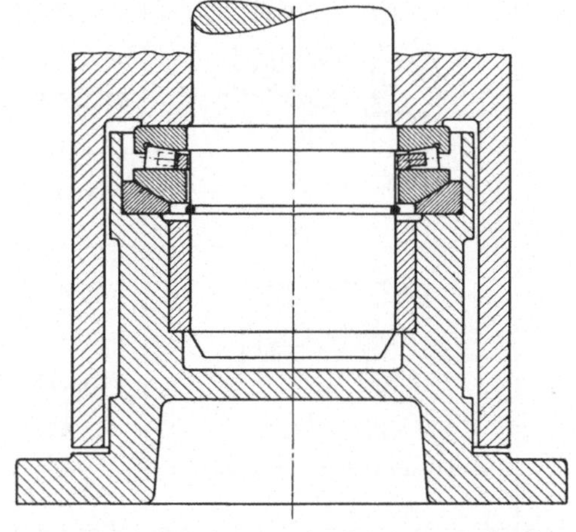

Abb. 137. Unter Wasser laufendes Lager einer senkrechten Welle mit Taucherglocke.

Wenn Wälzlagerungen bei starker Staubentwicklung laufen müssen, wie z. B. bei Kohlenstaub- oder Zementmühlen, oder aber wenn schädliche Gase oder Dämpfe ferngehalten werden müssen, können auch durch die Labyrinthspalte Sperrgase oder -flüssigkeiten geleitet werden.

Besonders schwierig ist es, unter Wasser laufende Lagerungen abzudichten. Bei Laufrollen für Wehre oder Slippanlagen, die nur zeitweilig geringe Umdrehungen ausführen, kann man die Hohlräume der Radnaben, in welche die Lager eingebaut sind, vollständig mit Fett füllen und beiderseitig mit Bunastulpen abdichten.

In Abb. 137 ist die unter Wasser laufende Lagerung einer senkrechten Welle dargestellt, um die eine Art Taucherglocke greift. Der Luftdruck im Inneren muß so hoch sein, daß der Wasserspiegel in der Glocke entsprechend niedrig bleibt. Durch eine Ölschicht kann das Verrosten der Lager durch Kondenswasser vermieden werden.

Die gebräuchlichsten Abdichtungen und ihr Anwendungsbereich sind in übersichtlicher Form in der nachstehenden Tabelle 11, dargestellt.

Die in Tabelle 11 angegebenen römischen Zahlen umreißen den Anwendungsbereich der einzelnen Dichtungsbeispiele. Es bedeutet:

I. für Ölschmierung verwendbar
II. für Fettschmierung verwendbar
III. gegen kleine Staubmengen und weiche Staubteilchen
IV. gegen große Staubmengen und harte Staubteilchen
V. nur für staubfreien Betrieb
VI. gegen Eindringen von Flüssigkeiten
VII. gegen Eindringen von Gasen bei geringem Druck
VIII. für waagerechte Wellen
IX. für senkrechte Wellen
X. bei ungeteilten Gehäusedeckeln verwendbar
XI. bei geteilten Gehäusedeckeln verwendbar
XIII. Umfangsgeschwindigkeit beschränkt
XIV. Umfangsgeschwindigkeit unbeschränkt.

Tabelle 11. *Dichtungen für Wälzlager.*

Abb. Nr.	Darstellung und Bezeichnung	Anwendungsbereich
138.	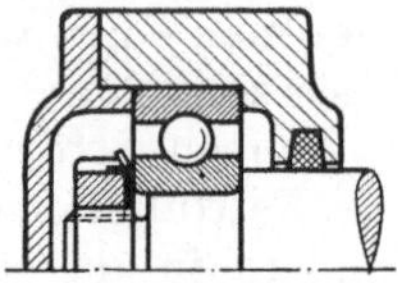 Filzring	II III VIII IX X XI XIII
139.	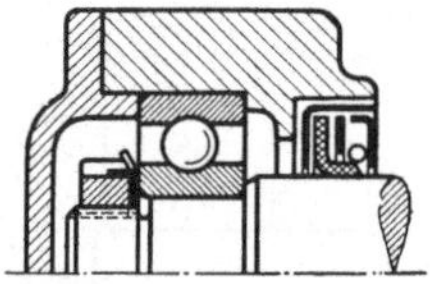 Bunamanschette Dichtlippe außen	I II III IV VII VIII IX X XI XIII
140.	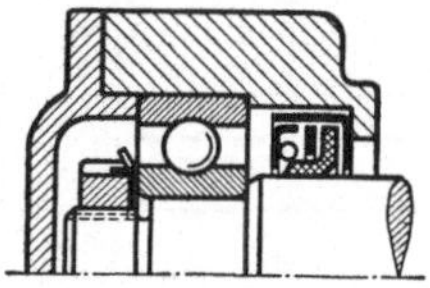 Bunamanschette Dichtlippe innen	I II III VIII IX X XI XIII
141.	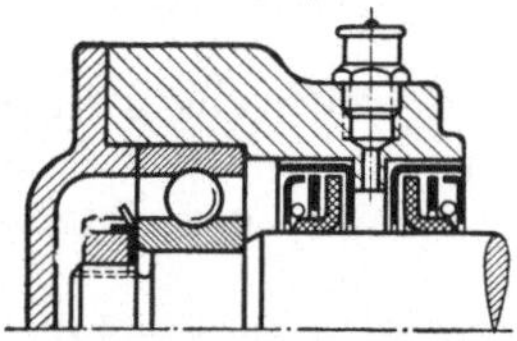 Doppelmanschette mit Fettkammer	I II III VI VII VIII IX X XI XIII
142.	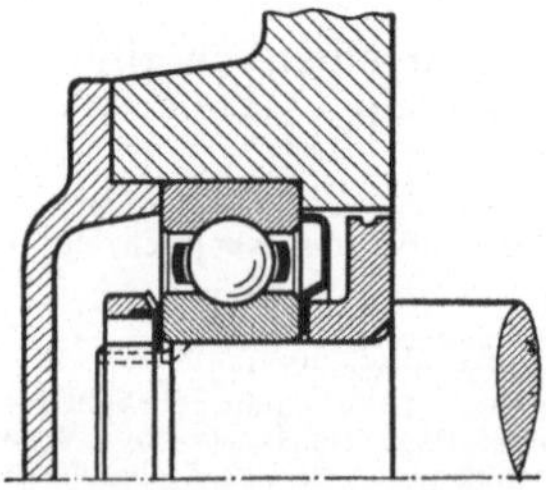 Nilosmembrane innen gespannt	II VIII IX X XI XIII
143.	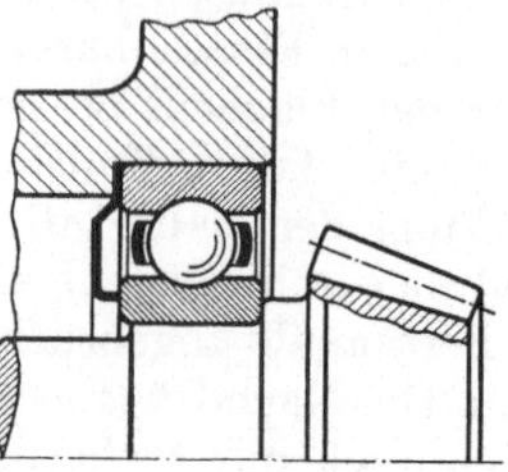 Nilosmembrane außen gespannt	I II III VIII IX unten X XI XIII
144.	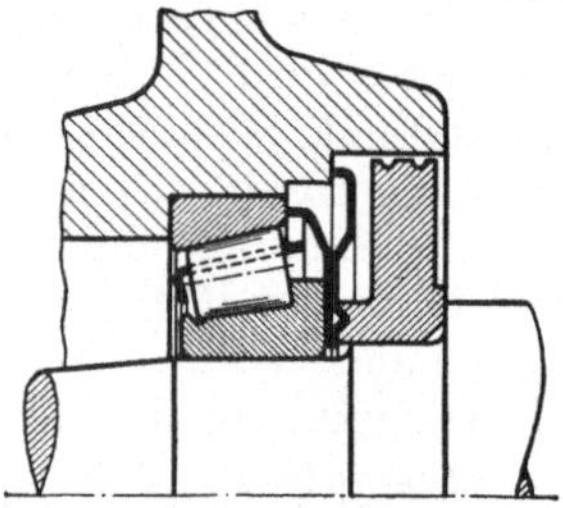 Nilos-Doppelmembrane innen gespannt	II IV VI VIII IX unten X XI XIII
145.	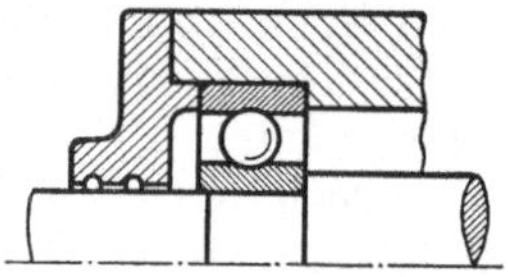 Spaltdichtung	I II V VIII X XI XIV
146.	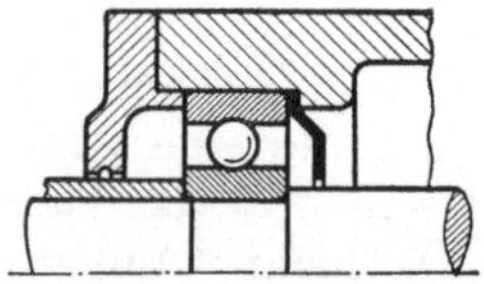 Deckblech außen gespannt	I II V VIII X XI XIV
147.	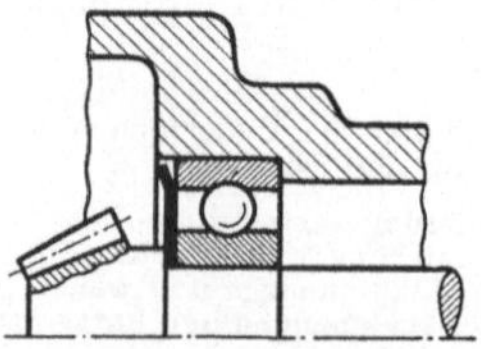 Deckblech innen gespannt	I II V VIII IX X XI XIV

Tabelle 11. *Dichtungen für Wälzlager.*

Abb. Nr.	Darstellung und Bezeichnung	Anwendungsbereich
148.	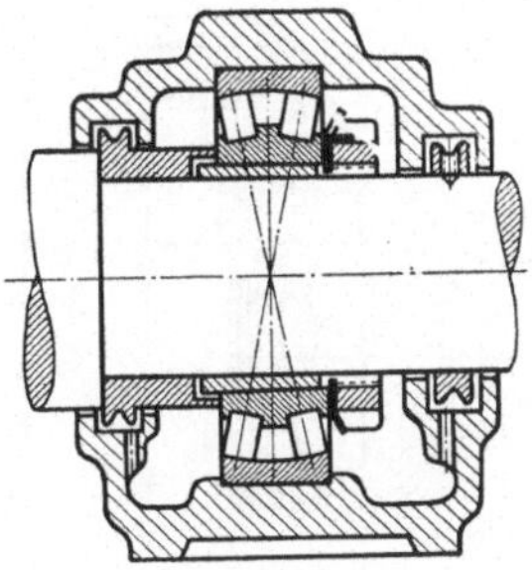 Ölschleuderringe.	I V VIII XI XIV
149.	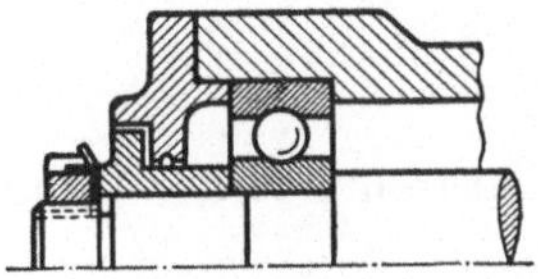 Winkeldichtring	I II III VIII X XI XIV
150.	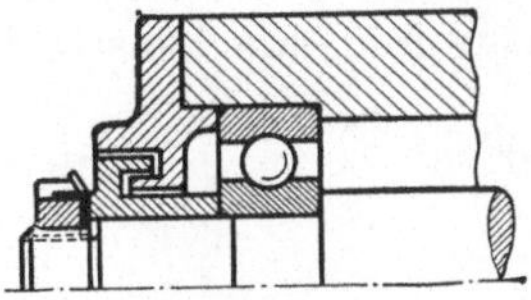 Axiallabyrinth	II III VIII X XIV
151.	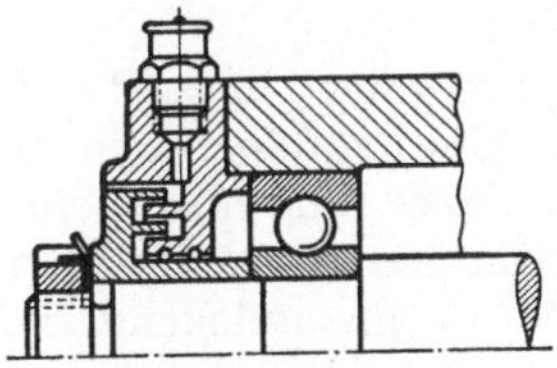 Axiallabyrinth zweistufig mit Fettschmierung	II IV VIII X XIV
152.	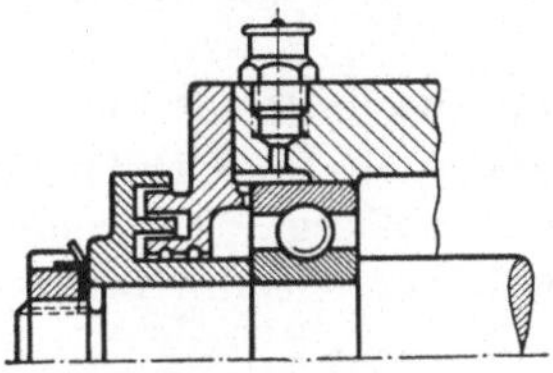 Axiallabyrinth mit Schleuderkragen	II IV VI VIII IX oben X XIV
153.	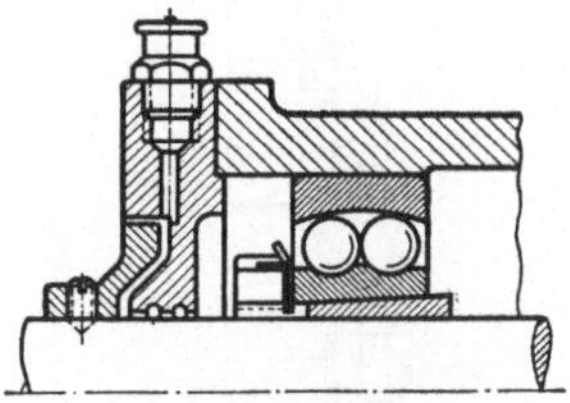 Schräglabyrinth mit Fettschmierung	II IV VI VIII XIV
154.	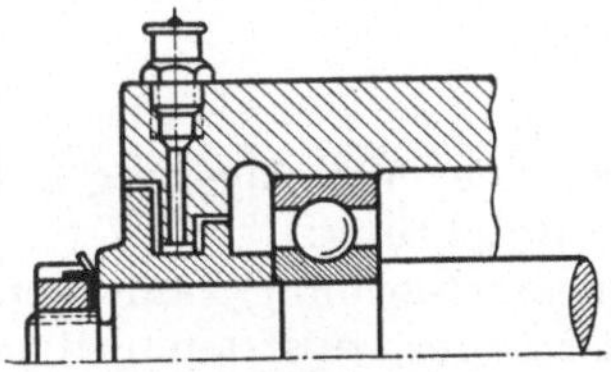 Radiallabyrinth	II IV VIII XI XIV
155.	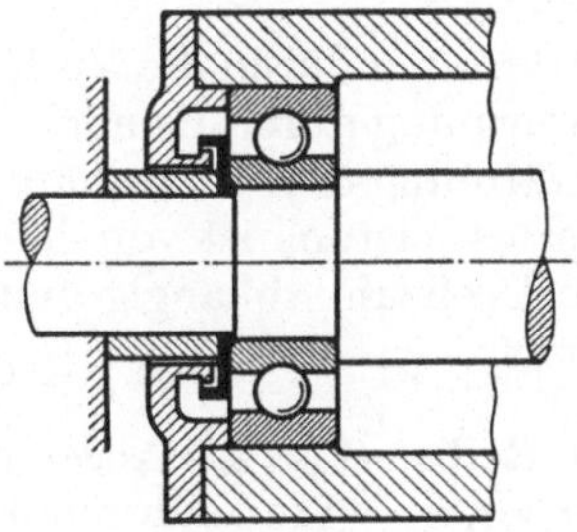 Schleuderkragen aus Blech	I II V VIII IX unten X XIV
156.	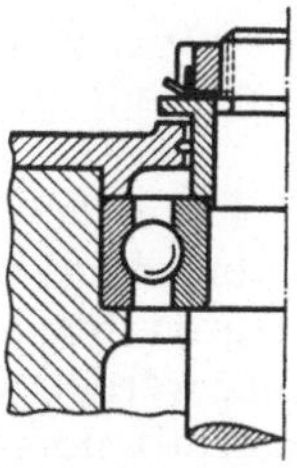 Außenliegender Winkelring	I II III IV IX oben X XI XIV

Tabelle 11. *Dichtungen für Wälzlagergehäuse.*

Abb. Nr.	Darstellung und Bezeichnung	Anwendungsbereich	Abb. Nr.	Darstellung und Bezeichnung	Anwendungsbereich
157.	Außenliegender Schleuderkragen und innenliegender Schleuderkragen.	I II IV VI IX X XIV	158.	Ölstandrohr	I III VIII X XIV

2,6. Kühlung.

Die bei einer Wälzlagerung auftretenden Temperaturen erfordern häufig eine besondere Beachtung:

Die Lagererwärmung kann verschiedene Ursachen haben. Durch fehlerhaften Einbau der Lager, zu stramm sitzende Buna- oder Filzdichtungsringe, ferner durch unzweckmäßige oder mangelhafte Schmierung können hohe Lagertemperaturen entstehen, die durch geeignete Maßnahmen zu beseitigen sind. Sieht man von diesen Fällen ab, so können für die Lagertemperatur folgende Umstände maßgebend sein:

1. Erwärmung durch die Verlustleistung im Lager.
2. Erwärmung durch Konvektion.
3. Erwärmung durch Strahlung.

Die Verlustleistung ist von dem Reibwert der betreffenden Lagerart, der Lagergröße und Drehzahl abhängig und beträgt annähernd in Watt:

$$W_P = 0{,}00514\, \mu\, P \cdot d \cdot n,$$

wobei der Reibwert μ aus Abschnitt 1,3 entnommen werden kann, P = Lagerbelastung in kg, d = Wellendurchmesser in mm, n = Umdrehungen/min bedeuten.

Die erzeugte Wärmemenge wird durch das Gehäuse und die Welle an die umgebende Luft übertragen, wobei auch das Schmiermittel zur Überleitung beiträgt. Erscheint die Wärmeableitung auf diese Weise unzureichend, so ist eine Tropföl- oder Umlaufschmierung, oder Kühlung des Standöles durch eine Kühlschlange ein wirksames Mittel. Häufig genügt es aber auch schon, die Raumluft durch ein auf die Welle gesetztes Flügelrad über das Lagergehäuse streichen zu lassen.

Die zulässige Lagertemperatur ist, wie schon im Abschnitt „Schmierung" erwähnt wurde, von dem zur Anwendung kommenden Fett oder Öl abhängig. Betriebstemperaturen bis 100° C sind ohne weiteres zulässig. Da meistens die Innenringe wärmer werden als die Außenringe, ist bei höheren Temperaturen häufig eine erhöhte Lagerluft notwendig.

Besondere Maßnahmen sind zu treffen, wenn der Lagerung von außen her Wärme zugeführt wird. Eine Wasserkühlung der Gehäuse ist zu empfehlen, wenn diese durch Strahlung oder Leitung stärker erwärmt werden als die Welle. Wird die Wärme durch eine Fundamentplatte auf ein Stehlagergehäuse übertragen, so genügt es, die hohlen Füße desselben oder die Sohlplatte mit Wasserkühlung zu versehen.

Findet die Erwärmung durch die Welle statt, so ist es unzweckmäßig, das Gehäuse zu kühlen, weil dann nur der Außenring kühl bleibt, während der Innenring durch die Erwärmung sich dehnt und eine Verspannung im Radiallager die Folge sein kann.

Wenn die Temperatur der Welle unter 170° C liegt, kann man durch Umlaufschmierung mit schweren Maschinenölen eine genügende Wärmeableitung

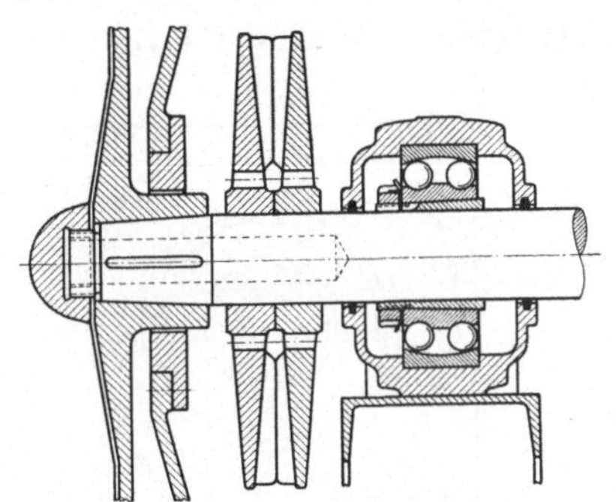

Abb. 159. Anordnung von Kühlscheiben bei einem Heißgasventilator.

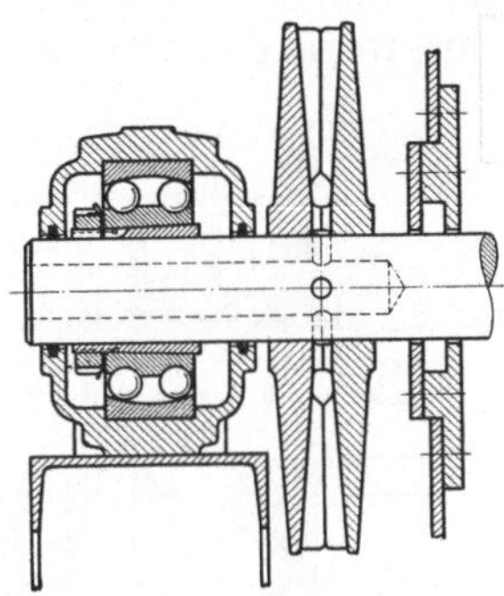

Abb. 160. Kühlscheiben auf hohlem Wellenende.

erzielen. Man kann auch eine Standölschmierung mit Zylinderölen (16,5° E bis 20° E bei 50° C) betreiben, muß diese aber in kürzeren Zeitabständen erneuern.

Diese Schmiermethoden verwendet man bei geheizten Walzen und Trockenzylindern von Papiermaschinen, bei denen Heizdampf durch die hohlen Zapfen geleitet wird. Die Lager erhalten eine erhöhte Luft, und häufig werden die Innenringe besonders angelassen.

Bei Vollwellen ist es am besten, die Wärme vor den Lagerstellen abzuleiten. Dies kann bei rasch laufenden Wellen in einfacher Weise durch Anordnung von Kühlscheiben aus Leichtmetall erfolgen, welche neben dem Lager auf die Welle geschrumpft werden. Abb. 159 zeigt eine solche Anordnung. Die Kühlscheiben werden häufig mit Löchern und Rippen versehen, um die Ventilationswirkung zu erhöhen. Das Wellenende ist bis unter die Naben der Kühlscheiben hohl und mit Asbest vollgestopft, um den Wärmefluß zu dämmen, oder man leitet durch das hohle Wellenende Luft zwischen die beiden Kühlscheiben. (Abb. 160).

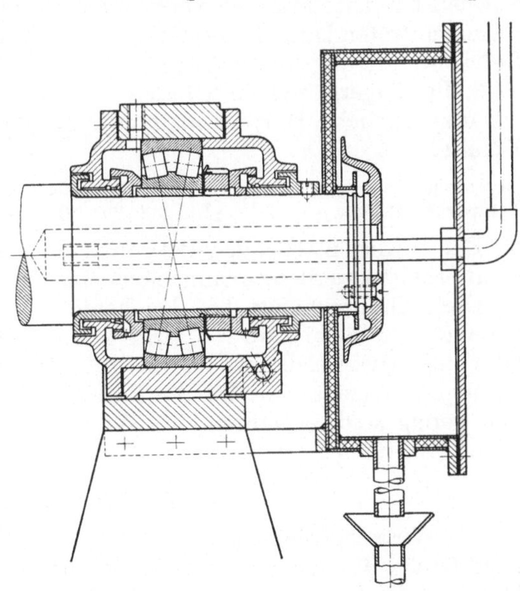

Abb. 161. Wasserkühlung des Hohlzapfens vom Wellenende aus.

Diese Anordnung ist so wirksam, daß man meist die Schmierung mit Fett vornehmen kann, selbst wenn die Wellentemperatur 300 bis 400° C beträgt.

Allerdings ist diese Art der Kühlung nur wirksam, während die Welle umläuft. Tritt eine hohe Erwärmung auch bei Stillstand ein, so ist eine Kühlung der Welle durch Wasser häufig nicht zu umgehen, wobei entweder das Kühlwasser durch die hohle Welle zu- und abgeleitet wird (Abb. 161) oder die Oberfläche der hohlgebohrten Welle durch eine Brause berieselt wird (Abb. 162).

Bei Lagern, welche mit hohen Temperaturen laufen, sind noch folgende Punkte besonders zu beachten:

1. Wird der Innenring um mehr als 10° C wärmer als der Außenring, so muß bei Radiallagern die Lagerluft größer gewählt werden, und zwar entsprechend dem Temperaturunterschied, der zu erwarten ist. (Siehe Abschnitt 1,2.)

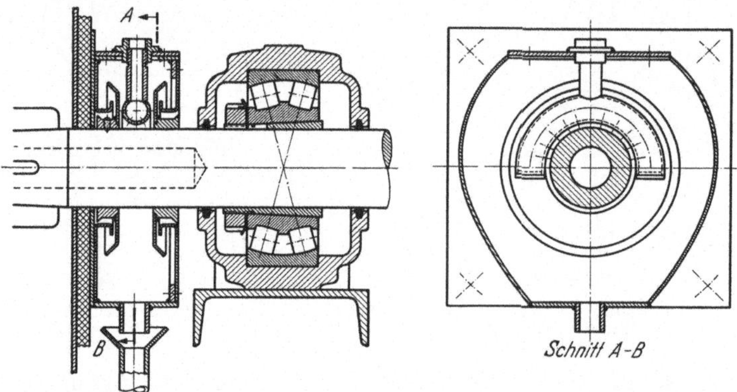

Abb. 162. Kühlung einer hohlgebohrten Welle durch eine Wasserbrause.

2. Werden Lager wesentlich wärmer als 100°, so empfiehlt es sich, besonders wärmebehandelte Lager zu verwenden, da sonst Maßänderungen an den Rollbahnringen eintreten können, welche zu einer Lockerung des Sitzes oder einer zu großen Luftverminderung führen können.

3. Bei Lagern, welche höheren Temperaturen als 100° C ausgesetzt sind, sinken die ursprüngliche Härte und damit die Tragzahlen gemäß der unten stehenden Tabelle:

Lagertemperatur °C . .	≤ 100	125	150	175	200	225	250	275	300
Temperaturfaktor f_T . .	1	0,95	0,90	0,85	0,75	0,65	0,60	0,55	0,50

Ein zufriedenstellender Betrieb kann bei hohen Lagertemperaturen nur aufrecht erhalten werden, solange noch eine sichere Schmierung gewährleistet ist.

Diese Grenze dürfte bei den heute in Deutschland zur Verfügung stehenden Schmiermitteln bei etwa 160° bis 170° C liegen. Bei Trockenkammerwagen entfettet man die Lager, welche oft 300° bis 400° C warm werden, und stäubt sie mit feinstem Grafitpuder leicht ein. Da die Betriebszeiten und Drehzahlen in solchen Fällen sehr gering sind, bewähren sich Wälzlager durch ihren leichten Lauf auch unter diesen Umständen.

2,7. Zusammenfassung.

Die Wirtschaftlichkeit und Betriebssicherheit zwingt dazu, die äußeren Kräfte nach Größe, Richtung und Dauer so gut wie möglich zu erforschen und ihre Wirkung auf die Lager sorgfältig zu berechnen. Je kleiner ein Lager gewählt werden kann, um so leichter werden die Zubehörteile und um so billiger die Maschine. Je unsicherer die Kenntnis über die vorkommende Belastung ist, um so größer ist die Gefahr einer unvorhergesehenen Betriebsstörung mit ihren unübersehbaren Kosten.

Auch die Kenntnis über die Eigenschaften der Lager in bezug auf Tragfähigkeit, Führungsmöglichkeit und Einbau ist von großer Bedeutung, um für die jeweiligen Betriebsverhältnisse ein Maximum an Sicherheit zu erzielen. Wenn z. B. der Lauf einer Welle möglichst starr sein soll, also nur ein ganz geringes Spiel in radialer und axialer Richtung vorkommen darf, kann diese Forderung nur erfüllt werden, wenn Lager verwendet werden, die eine genaue Einstellung des Spieles zulassen. Auch bei geräuschschwachem Lauf, wie er heute an vielen Stellen verlangt wird, muß auf die jeweiligen Verhältnisse Rücksicht genommen werden. Bei der Lagerung des Antriebsritzels von Personenwagen kommt es darauf an, das Ritzel und Tellerrad möglichst starr zu lagern, um den Eingriff der Zahnräder auch unter Belastung so wenig wie möglich zu verändern. Bei kleinen Elektromotoren, die bei hoher Drehzahl wenig Geräusch machen sollen, ist die Lagerung selbst neben dem elektrischen Teil die Geräuschquelle. Die Ausführung der Lager und Zubehörteile muß also diesen besonderen Anforderungen genügen.

Die Betriebssicherheit hängt auch in hohem Maße von der richtigen Passung ab. Ein bei „Umfangslast" lose sitzender Rollbahnring, ruft durch das „Wandern" bei hoher Last und schlechter Schmierung starken Verschleiß hervor. In vielen Fällen treten auch Gleitrisse auf, die zu einem plötzlichen Bruch führen können. Andererseits kann eine Verklemmung hervorgerufen werden, die den Lauf des Lagers ungünstig beeinflußt und zu hohe Temperatur oder Geräusch verursacht.

Es genügt nicht, die Lager richtig auszuwählen; ebenso wichtig ist es, dafür zu sorgen, daß der für den Betrieb zweckmäßige Zustand erhalten wird. Dies ist aber nur möglich, wenn die Lager vor Verschleiß oder Korrosion durch irgendwelche Fremdkörper geschützt werden. Bei der Ausbildung der Dichtung muß daher der Zustand der Umgebung der Lagerung genau bekannt sein. Die notwendigen Mittel für eine zuverlässige Dichtung sind sehr verschieden, je nachdem, ob es sich um eine Lagerung handelt, die, wie in der Naßpartie von Papiermaschinen, von Wasser umströmt wird, oder um die Lagerung des Kalanders, der in einem fast vollkommen staubfreien und trockenen Raum arbeitet. Bei Motoren in der Kraftzentrale eines Werkes ist für peinlichste Sauberkeit gesorgt, während Motoren für Antriebs- oder Arbeitsmaschinen in einer Zementfabrik ständig in einer Staubwolke stehen. Bei einer Reihe von Maschinen, z. B. bei Papiermaschinen, Druckmaschinen und Textilmaschinen, kommt es darauf an, das Schmiermittel von dem zu bearbeitenden Werkstoff fernzuhalten.

Wenn zwischen Innenring und Außenring ein starkes Wärmegefälle vorhanden ist, muß bei der Ausführung der Lager darauf Rücksicht genommen werden. Außerdem ist die Einwirkung auf das Schmiermittel zu berücksichtigen. Schließlich kann sogar die Form des Gehäuses davon abhängen oder die Bauart der Maschine, wenn wegen des Schmiermittels oder der Härte der Rollbahnringe und Rollkörper die Temperatur durch irgendwelche Hilfsmittel herabgesetzt werden muß. Es ist daher wichtig, sowohl die absolute Höhe der Temperatur als auch die mögliche Temperaturdifferenz zwischen Innenring und Außenring rechtzeitig festzustellen. Bei Elektromotoren zum Antrieb von Fahrzeugen wird das Motorgehäuse durch die Luftströmung gut gekühlt, während der Anker große Wärme erzeugt, die sich dem Innenring mitteilt. Der Rollbahndurchmesser des Innenringes wird infolgedessen mehr vergrößert als der des Außenringes. Auch bei Trockenzylindern, Heißgasventilatoren treten hohe Temperaturunterschiede auf. Wenn die Verkleinerung der Lagerluft nicht von vornherein berücksichtigt wird, ist eine frühzeitige Zerstörung des Lagers zu erwarten.

Oft ist ein Ausbau der Lager erst erforderlich, wenn irgendeine Beschädigung eintreten sollte. Es besteht daher kein großes Bedürfnis, auf diesen Umstand besonders Rücksicht zu nehmen. Bei einigen Maschinenarten kommt jedoch der Ausbau sehr häufig vor, so daß besondere Konstruktionen entworfen werden müssen, um diesen Verhältnissen gerecht zu werden. Bei Bahnmotoren und Achsbuchsen für Straßenbahnen und Staatsbahnen wird im allgemeinen eine jährliche Revision verlangt. Noch häufiger ist der Ausbau der Lagerung bei Walzwerken. Dort muß in vielen Fällen schon nach Wochen oder Tagen ein Auswechseln der Walzen erfolgen, entweder weil dieselben nachgeschliffen werden müssen oder weil andere Profile gewalzt werden. Ein schneller und einfacher Walzenwechsel ist auch Bedingung bei Getreidewalzenstühlen, da die Riffelung nach kurzer Zeit erneuert werden muß. Die Bauform muß daher auch diesen Anforderungen so gut wie möglich gerecht werden.

Immer ist es Aufgabe des Konstrukteurs, die Gestaltung der Lagerstellen den speziellen Verhältnissen so gut wie möglich anzupassen. Grundsätzlich muß dabei auf alle Faktoren Rücksicht genommen werden, die die Tragfähigkeit und Lebensdauer oder die Herstellung und Wartung der Lagerung beeinflussen. Was nützt es, ein genügend tragfähiges Lager ausgewählt zu haben, wenn die Dichtung den Anforderungen nicht entspricht! Was bedeutet es, die richtige Lagerart gefunden zu haben, wenn bei dem Ein- und Ausbau die Gefahr besteht, die Lager zu verklemmen oder zu beschädigen! Die zweckmäßige Passung ist ebenso wichtig wie die genügende Tragfähigkeit. Wenn es darauf ankommt, hat die Schmierung die gleiche Bedeutung wie die richtige Dichtung. Die Vorrichtungen für eine einwandfreie Wartung und einen zweckmäßigen Ein- und Ausbau sollen ebenso sorgfältig entwickelt werden wie die Vorschriften für die Bearbeitung.

Die Lagerung soll aber auch so geformt und bemessen sein, daß die gestellten Anforderungen mit den billigsten Mitteln erfüllt werden. Ein überdimensioniertes Lager ist genau so fehlerhaft wie ein solches, das den Bedingungen nicht oder nur teilweise gerecht wird. *Die Vollkommenheit besteht nicht einseitig in der rein technischen Lösung, sondern in dem Wert der Anlage, d. h. in dem Verhältnis Qualität zu Preis.*

3. Maßtabellen.

Die in nachstehenden Maßtabellen für die einzelnen Lagerarten angegebenen Lagergrößen werden nicht alle hergestellt, sondern nur diejenigen Typen für welche in den Tragzahltabellen Belastungswerte angegeben sind.

Die Bezeichnung der Zylinderrollenlager wird zusammengesetzt aus der Reihenbezeichnung, die im Kopf der Tabelle angegeben ist und dem Bohrungsmaß. Ein Zylinderrollenlager der Durchmessergruppe 2 mit 50 mm Bohrung trägt also die Bezeichnung „NL 50" oder „NUL 50", je nachdem ob es sich um Innenbord- oder Außenbordlager handelt. In ähnlicher Weise werden die Schulterkugellager bezeichnet.

Bei allen anderen Lagerarten, die im Kopf der Tabelle angegeben sind, setzt sich die Bezeichnung eines Lagers aus der Reihenbezeichnung und der Kennziffer der Bohrung zusammen. Die Bezeichnung eines Rillenkugellagers der Gruppe 2 mit 50 mm-Bohrung ist also „6210". Die Bezeichnung eines Tonnenlagers der Gruppe 2 mit 50 mm-Bohrung ist „20210".

Für einige Lagerarten ist die alte und die neue Bezeichnung angegeben. Die veraltete Bezeichnung steht in Klammern unter der neuen Bezeichnung.

Der Kantenabstand der kleinen Seitenfläche der Rollbahnringe von Kegelrollenlagern und Schulterkugellagern ist kleiner als die in der folgenden Tabelle aufgeführten Werte. Auch bei den kleinen Zylinderrollenlagern ist der Kantenabstand an der bordfreien Seite kleiner.

$r, r_1, r_2 =$ Kantenabstand, nicht Profilhalbmesser der Rundungsfläche.

4. Tragzahltabellen.

Im Anschluß an die im vorigen Abschnitt enthaltenen Maßtabellen, aus denen die Maße fast aller handelsüblichen und genormten Lager zu entnehmen sind, folgen Tabellen für die Tragzahlen nach Bohrungen und Lagerreihen geordnet.

Zunächst sind die dynamischen Tragzahlen aufgeführt, welche bei der in Abschnitt 1,4 angegebenen Lebensdauerberechnung benützt werden müssen.

Es folgen dann die Werte für die statische Tragfähigkeit; diese sind nach den Richtlinien in Abschnitt 1,5 anzuwenden und dürfen nicht für die Lebensdauerberechnung verwendet werden.

Wegen Raumersparnis sind die Werte von 1000 kg an in t angegeben.

Bei Lagertemperaturen über 100° C ist der Temperaturfaktor f_T Seite 94 anzuwenden.

Die äquivalente Belastung wird nach folgenden Formeln ermittelt:

Für Radiallager ist

$$P = x \cdot P_r + y \cdot P_a$$

Werte für x und y sind auf Seite 104 angegeben.

Für Axialpendelrollenlager ist

$$P_a = F_a + 1{,}25 \cdot 1{,}19 \cdot F_r \text{ (bei Umfangslast für die Wellenscheibe)}$$
$$P_a = F_a + 1{,}75 \cdot 1{,}19 \cdot F_r \text{ (bei Punktlast für die Wellenscheibe)}$$

Dabei muß $F_r < \frac{F_a}{1{,}48}$ sein, wenn keine axiale Gegenführung vorhanden ist.

Ist die Belastung P bzw. P_a ermittelt, so findet man für eine bestimmte Drehzahl n und eine geforderte Lebensdauer L_h in Stunden die Tragzahl C aus der Gleichung:

$$C = \frac{P \cdot f_h}{f_n} \tag{2}$$

Die Faktoren f_n und f_h sind den unten stehenden Leitertafeln zu entnehmen. (Siehe auch Abschnitt 1,41 Seite 25).

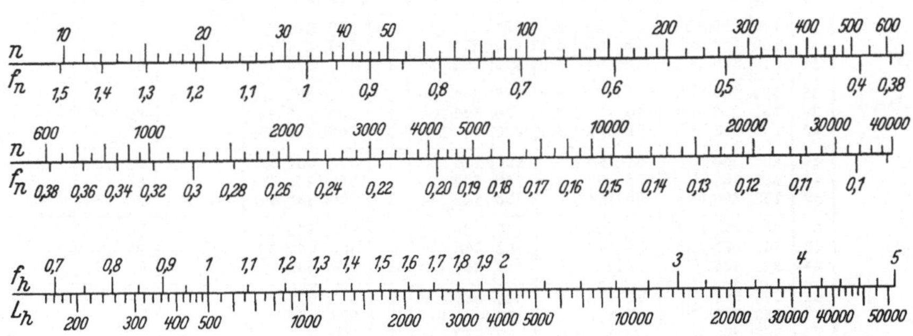

Lagerart	Durchmesser-Gruppe 0							Durchmesser-Gruppe 1				Durchmesser-Gruppe 2										
Pendelkugellager																	12	22				
Rillenkugellager ohne Füllnuten			160		60									62								
Rillenkugellager mit Füllnuten														2 (A)				42 (AA)				
Schrägkugellager														72							32	
Zylinderrollenlager					NUE	NN 30..K*								NL NUL				WUL				
Tonnenlager														202								
Pendelrollenlager						230				231								222			232	
Kegelrollenlager														302	302	302		322	322	322		
Kennziffer	d	D	B	r	B	B	r	d	D	B	r	d	D	B	B_a	B_g	B	B	B_a	B_g	B	r
00	10	26		0,5	8	—	0,5	10	—	—	—	10	30	9	$B_i = B$		9	14	$B_i = B$		14	1
01	12	28		0,5	8	—	0,5	12	—	—	—	12	32	10			10	14			15,9	1
02	15	32	8	0,5	9	—	0,5	15	—	—	—	15	35	11	—	—	11	14	—	—	15,9	1
03	17	35	8	0,5	10	—	0,5	17	—	—	—	17	40	12	11	13,5	12	16	—	—	17,5	1,5
04	20	42	8	0,5	12	—	1	20	—	—	—	20	47	14	12	15,5	14	18	—	—	20,6	1,5
05	25	47	8	0,5	12	—	1	25	—	—	—	25	52	15	13	16,5	15	18	—	—	20,6	1,5
06	30	55	9	0,5	13	—	1,5	30	—	—	—	30	62	16	14	17,5	16	20	17	21,5	23,8	1,5
07	35	62	9	0,5	14	—	1,5	35	—	—	—	35	72	17	15	18,5	17	23	19	24,5	27,0	2
08	40	68	9	0,5	15	—	1,5	40	—	—	—	40	80	18	16	20	18	23	19	25	30,2	2
09	45	75	10	1	16	—	1,5	45	—	—	—	45	85	19	16	21	19	23	19	25	30,2	2
10	50	80	10	1	16	—	1,5	50	—	—	—	50	90	20	17	22	20	23	19	25	30,2	2
11	55	90	11	1	18	—	2	55	—	—	—	55	100	21	18	23	21	25	21	27	33,3	2,5
12	60	95	11	1	18	—	2	60	—	—	—	60	110	22	19	24	22	28	24	30	36,5	2,5
13	65	100	11	1	18	—	2	65	—	—	—	65	120	23	20	25	23	31	27	33	38,1	2,5
14	70	110	13	1	20	—	2	70	—	—	—	70	125	24	21	26,5	24	31	27	33,5	39,7	2,5
15	75	115	13	1	20	—	2	75	—	—	—	75	130	25	22	27,5	25	31	27	33,5	41,3	2,5
16	80	125	14	1	22	—	2	80	—	—	—	80	140	26	22	28,5	26	33	28	35,5	44,4	3
17	85	130	14	1	22	—	2	85	—	—	—	85	150	28	24	31	28	36	30	39	49,2	3
18	90	140	16	1,5	24	—	2,5	90	—	—	—	90	160	30	26	33	30	40	34	43	52,4	3
19	95	145	16	1,5	24	—	2,5	95	—	—	—	95	170	32	27	35	32	43	37	46	55,6	3,5
20	100	150	16	1,5	24	—	2,5	100	—	—	—	100	180	34	29	37,5	34	46	39	49,5	60,3	3,5
21	105	160	18	1,5	26	—	3	105	—	—	—	105	190	36	30	39,5	36	50	43	53,5	65,1	3,5
22	110	170	19	1,5	28	—	3	110	180	56	3	110	200	38	32	41,5	38	53	46	56,5	69,8	3,5
24	120	180	19	1,5	28	46	3	120	200	62	3	120	215	40	34	44	42	58	50	62	← Pendelrollenlager / zweir. Schräglager →	3,5
26	130	200	22	2	33	52	3	130	210	64	3	130	230	40	34	44,5	46	64	—	—		4
28	140	210	22	2	33	53	3	140	225	68	3,5	140	250	42	36	46,5	50	68	—	—		4
30	150	225	24	2	35	56	3,5	150	250	80	3,5	150	270	45	38	50	54	73	—	—		4
32	160	240	25	2,5	38	60	3,5	160	270	86	3,5	160	290	48	—	—	58	80	—	—		4
34	170	260	28	2,5	42	67	3,5	170	280	88	3,5	170	310	52	—	—	62	86	—	—		5
36	180	280	31	3	46	74	3,5	180	300	96	4	180	320	52	—	—	62	86	—	—		5
38	190	290	31	3	46	75	3,5	190	320	104	4	190	340	55			65	92	—	—		5
40	200	310	34	3	51	82	3,5	200	34	112	4	200	360	58	—	—	70	98	—	—		5
44	220	340	37	3,5	56	90	4	220	370	120	5	220	400	65	—	—	78	108	—	—	144	5
48	240	360	37	3,5	56	92	4	240	400	128	5	240	440	72	—	—	85	120	—	—	160	5
52	260	400	44	4	65	104	5	260	440	144	5	260	480	80	—	—	90	130	—	—	174	6
56	280	420	44	4	65	106	5	280	460	146	6	280	500	80	—	—	90	130	—	—	176	6
60	300	460	50	5	74	118	5	300	500	160	6	300	540	85	—	—	98	140	—	—	192	6
64	320	480	50	5	74	121	5	320	540	176	6	320	580	92	—	—	105	150	—	—	208	6
68	340	520	57	5	82	133	6	340	580	190	6	340	620	—	—	—	—	—	—	—	224	8
72	360	540	57	5	82	134	6	360	600	192	6	360	650	—	—	—	—	—	—	—	232	8
76	380	560	57	5	82	135	6	380	620	194	6	380	680	—	—	—	—	—	—	—	240	8
80	400	600	—	—	90	148	6	400	650	200	8	400	720	—	—	—	—	—	—	—	256	8
84	420	620	—	—	90	150	6	420	700	224	8	420	760	—	—	—	—	—	—	—	272	10
88	440	650	—	—	94	157	8	440	720	226	8	440	790	—	—	—	—	—	—	—	280	10
92	460	680	—	—	100	163	8	460	760	240	10	460	830	—	—	—	—	—	—	—	296	10
96	480	700	—	—	100	165	8	480	790	248	10	480	870	—	—	—	—	—	—	—	310	10

* Zylinderlager der Reihen NN 30..K und NNU 49 sind zweireihig; die Reihe NNU 49 nach DIN 5412 Bl.4 ist hier nicht angegeben. Beide Lagerreihen sind hauptsächlich für Werkzeugmaschinenspindeln bestimmt.

	Durchmessergruppe 3												Durchmessergruppe 4			
							13	23							104 (4)	
			63												64	
			3 (B)					43 (BB)							4 (C)	
			73								33					
			NM NUM					WUM							NS NUS	
			203												204	
							213	223								
			303 313	303	303 313	313		323	323	323						
Kenn-ziffer	d	D	B	B_a	B_g	B_a	B	B	B_a	B_g	B	r	d	D	B	r
00	10	35	11	$B_i = B$		—	11	17	$B_i = B$		19,0	1	10	—	—	—
01	12	37	12			—	12	17			19,0	1,5	12	—	—	—
02	15	42	13	11	14,5	—	13	17	—	—	19,0	1,5	15	—	—	—
03	17	47	14	12	15,5	—	14	19	—	—	22,2	1,5	17	62	17	2
04	20	52	15	13	16,5	—	15	21	—	—	22,2	2	20	72	19	2
05	25	62	17	15	18,5	13	17	24	20	25,5	25,4	2	25	80	21	2,5
06	30	72	19	16	21	14	19	27	23	29	30,2	2	30	90	23	2,5
07	35	80	21	18	23	15	21	31	25	33	34,9	2,5	35	100	25	2,5
08	40	90	23	20	25,5	17	23	33	27	35,5	36,5	2,5	40	110	27	3
09	45	100	25	22	27,5	18	25	36	30	38,5	39,7	2,5	45	120	29	3
10	50	110	27	23	29,5	19	27	40	33	42,5	44,4	3	50	130	31	3,5
11	55	120	29	25	32	21	29	43	35	46	49,2	3	55	140	33	3,5
12	60	130	31	26	34	22	31	46	37	49	54,0	3,5	60	150	35	3,5
13	65	140	33	28	36,5	23	33	48	39	51,5	58,7	3,5	65	160	37	3,5
14	70	150	35	30	38,5	25	35	51	42	54,5	63,5	3,5	70	180	42	4
15	75	160	37	31	40,5	—	37	55	45	58,5	68,3	3,5	75	190	45	4
16	80	170	39	33	43	—	39	58	48	62	68,3	3,5	80	200	48	4
17	85	180	41	34	45	—	41	60	49	64	73,0	4	85	210	52	5
18	90	190	43	36	47	—	43	64	53	68	73,0	4	90	225	54	5
19	95	200	45	38	50	—	45	67	55	72	77,8	4	95	240	55	5
20	100	215	47	39	52	—	47	73	60	78	82,6	4	100	250	58	5
21	105	225	49	41	54	—	49	77	63	82	87,3	4	105	260	60	5
22	110	240	50	42	55	—	50	80	65	85	92,1	4	110	280	65	5
24	120	260	55	46	60	—	55	86	69	91	—	4	120	310	72	6
26	130	280	58	—	—	—	58	93	—	—	—	5	130	340	78	6
28	140	300	62	—	—	—	62	102	—	—	—	5	140	360	82	6
30	150	320	65	—	—	—	67	108	—	—	—	5	150	380	85	6
32	160	340	68	—	—	—	71	114	—	—	—	5	160	400	88	6
34	170	360	72	—	—	—	75	120	—	—	—	5	170	420	92	6
36	180	380	75	—	—	—	79	126	—	—	—	5	180	440	95	8
38	190	400	78	—	—	—	83	132	—	—	—	6	190	460	98	8
40	200	420	80	—	—	—	87	138	—	—	—	6	200	480	102	8
44	220	460	88	—	—	—	99	145	—	—	—	6	220	540	115	8
48	240	500	95	—	—	—	111	155	—	—	—	6	240	580	122	8
52	260	540	102	—	—	—	120	165	—	—	—	8		—	—	—
56	280	580	108	—	—	—	128	175	—	—	—	8		—	—	—

Toleranz für Bg:

30203 bis 30216 Bg-0,5
30217 ,, 30224 Bg-1,0
30226 ,, 30228 Bg-1,5
30230 Bg-2,0
32206 ,, 32216 Bg-0,5
32217 ,, 32224 Bg-1,0

Toleranz für Bg:

30302 bis 30310 Bg-0,5
30311 ,, 30324 Bg-1,0
32305 ,, 32310 Bg-0,5
32311 ,, 32324 Bg-1,0
31305 ,, 31310 Bg-0,5
31311 ,, 31314 Bg-1,0

Zeichen	d	D	B	r
	Rillenkugellager			
EL 3	3	10	4	0,3
EL 4	4	13	5	0,4
R 4	4	16	5	0,5
EL 5	5	16	5	0,5
R 5	5	19	6	0,5
EL 6	6	19	6	0,5
EL 7	7	19	6	0,5
R 7	7	22	7	0,5
EL 8	8	22	7	0,5
EL 9	9	24	7	0,5
R 9	9	26	8	1
	Pendelkugellager			
13300	5	19	6	0,5
13301	6	19	6	0,5
13302	7	22	7	0,5
13303	8	22	7	0,5
13304	9	26	8	1
	Schulterkugellager			
E 3	3	16	5	0,3
E 4	4	16	5	0,3
E 5	5	16	5	0,3
E 6	6	21	7	0,5
E 7	7	22	7	0,5
E 8	8	24	7	0,5
E 9	9	28	8	0,5
E 10	10	28	8	0,5
E 12	12	32	7	0,5
E 13	13	30	7	0,5
E 15	15	35	8	0,5
Bo 15	15	40	10	1
L 17	17	40	10	1
Bo 17	17	44	11	1
E 19	19	40	9	0,7
E 20	20	47	12	1,5
L 20	20	47	14	1,5
M 20	20	52	15	2
L 25	25	52	15	1,5
L 30	30	62	16	1,5
	Nadellager			
Na 17	17	37	20	1
Na 20	20	42	20	1
Na 25	25	47	22	1
Na 30	30	52	22	1
Na 35	35	58	22	1
Na 40	40	65	22	1,5
Na 45	45	72	22	1,5
Na 50	50	80	28	2
Na 55	55	85	28	2
Na 60	60	90	28	2
Na 65	65	95	28	2
Na 70	70	100	28	2
Na 75	75	110	32	2
Na 80	80	115	32	2
Na 85	85	120	32	2
Na 90	90	125	32	2
Na 95	95	130	32	2
Na 100	100	135	32	2
Na 110	110	150	40	3
Na 120	120	160	40	3
Na 130	130	180	52	3
Na 140	140	190	52	3
Na 150	150	200	52	3

Axialkugellager einseitig wirkend

Axialkugellager zweiseitig wirkend

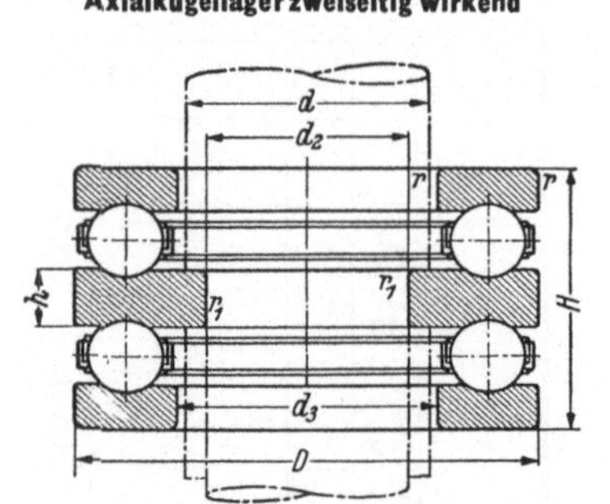

„Kennziffer“ der Bohrung	d	Reihe 511			Reihe 512			Reihe 513			Reihe 514			Reihe 522				Reihe 523				Reihe 524			
		D	H	r	D	H	r	D	H	r	D	H	r	d_2	H	h	r_1	d_2	H	h	r_1	d_2	H	h	r_1
00	10	24	9	0,5	26	11	1	—	—	—	—	—	—	—	—	—	—	—	—	—	—	—	—	—	—
01	12	26	9	0,5	28	11	1	—	—	—	—	—	—	—	—	—	—	—	—	—	—	—	—	—	—
02	15	28	9	0,5	32	12	1	—	—	—	—	—	—	10	22	5	0,5	—	—	—	—	—	—	—	—
03	17	30	9	0,5	35	12	1	—	—	—	—	—	—	—	—	—	—	—	—	—	—	—	—	—	—
04	20	35	10	0,5	40	14	1	—	—	—	—	—	—	15	26	6	0,5	—	—	—	—	—	—	—	—
05	25	42	11	1	47	15	1	52	18	1,5	60	24	1,5	20	28	7	0,5	20	34	8	0,5	15	45	11	1
06	30	47	11	1	53	16	1	60	21	1,5	70	28	1,5	25	29	7	0,5	25	38	9	0,5	20	52	12	1
07	35	53	12	1	62	18	1,5	68	24	1,5	80	32	2	30	34	8	0,5	30	44	10	0,5	25	59	14	1
08	40	60	13	1	68	19	1,5	78	26	1,5	90	36	2	30	36	9	1	30	49	12	1	30	65	15	1
09	45	65	14	1	73	20	1,5	85	28	1,5	100	39	2	35	37	9	1	35	52	12	1	35	72	17	1
10	50	70	14	1	78	22	1,5	95	31	2	110	43	2,5	40	39	9	1	40	58	14	1	40	78	18	1
11	55	78	16	1	90	25	1,5	105	35	2	120	48	2,5	45	45	10	1	45	64	15	1	45	87	20	1
12	60	85	17	1,5	95	26	1,5	110	35	2	130	51	2,5	50	46	10	1	50	64	15	1	50	93	21	1
13	65	90	18	1,5	100	27	1,5	115	36	2	140	56	3	55	47	10	1	55	65	15	1	50	101	23	1,5
14	70	95	18	1,5	105	27	1,5	125	40	2	150	60	3	55	47	10	1,5	55	72	16	1,5	55	107	24	1,5
15	75	100	19	1,5	110	27	1,5	135	44	2,5	160	65	3	60	47	10	1,5	60	79	18	1,5	60	115	26	1,5
16	80	105	19	1,5	115	28	1,5	140	44	2,5	170	68	3,5	65	48	10	1,5	65	79	18	1,5	65	120	27	1,5
17	85	110	19	1,5	125	31	1,5	150	49	2,5	180	72	3,5	70	55	12	1,5	70	87	19	1,5	65	128	29	2
18	90	120	22	1,5	135	35	2	155	50	2,5	190	77	3,5	75	62	14	1,5	75	88	19	1,5	70	135	30	2
—	—	—	—	—	—	—	—	—	—	—	—	—	—	—	—	—	—	—	—	—	—	—	—	—	—
20	100	135	25	1,5	150	38	2	170	55	2,5	210	85	4	85	67	15	1,5	85	97	21	1,5	80	150	33	2
—	—	—	—	—	—	—	—	—	—	—	—	—	—	—	—	—	—	—	—	—	—	—	—	—	—
22	110	145	25	1,5	160	38	2	190	63	3	230	95	4	95	67	15	1,5	95	110	24	1,5	90	166	37	2
24	120	155	25	1,5	170	39	2	210	70	3,5	250	102	5	100	68	15	2	100	123	27	2	95	177	40	2,5
26	130	170	30	1,5	190	45	2,5	225	75	3,5	270	110	5	110	80	18	2	110	130	30	2	100	192	42	3
28	140	180	31	1,5	200	46	2,5	240	80	3,5	280	112	5	120	81	18	2	120	140	31	2	110	196	44	3
30	150	190	31	1,5	215	50	2,5	250	80	3,5	300	120	5	130	89	20	2	130	140	31	2	120	209	46	3
32	160	200	31	1,5	225	51	2,5	270	87	4	320	130	6	140	90	20	2	140	153	33	2	130	226	50	3
34	170	215	34	2	240	55	2,5	280	87	4	340	135	6	150	97	21	2	150	153	33	2	135	236	50	3,5
36	180	225	34	2	250	56	2,5	300	95	4	360	140	6	150	98	21	3	150	165	37	3	140	245	52	4
38	190	240	37	2	270	62	3	320	105	5	380	150	6	160	109	24	3	160	183	40	3	—	—	—	—
40	200	250	37	2	280	62	3	340	110	5	400	155	6	170	109	24	3	170	192	42	3	—	—	—	—
44	220	270	37	2	300	63	3	—	—	—	420	160	8	190	110	24	3	—	—	—	—	—	—	—	—
48	240	300	45	2,5	340	78	3,5	—	—	—	440	160	8	—	—	—	—	—	—	—	—	—	—	—	—
52	260	320	45	2,5	360	79	3,5	—	—	—	480	175	8	—	—	—	—	—	—	—	—	—	—	—	—
56	280	350	53	2,5	380	80	3,5	—	—	—	520	190	8	—	—	—	—	—	—	—	—	—	—	—	—
60	300	380	62	3	420	95	4	—	—	—	540	190	8	—	—	—	—	—	—	—	—	—	—	—	—
64	320	400	63	3	440	95	4	—	—	—	580	205	10	—	—	—	—	—	—	—	—	—	—	—	—
68	340	420	64	3	460	96	4	—	—	—	620	220	10	—	—	—	—	—	—	—	—	—	—	—	—
72	360	440	65	3	500	110	5	—	—	—	640	220	10	—	—	—	—	—	—	—	—	—	—	—	—
—	—	—	—	—	—	—	—	—	—	—	—	—	—	—	—	—	—	—	—	—	—	—	—	—	—
—	—	—	—	—	—	—	—	—	—	—	—	—	—	—	—	—	—	—	—	—	—	—	—	—	—
—	—	—	—	—	—	—	—	—	—	—	—	—	—	—	—	—	—	—	—	—	—	—	—	—	—
—	—	—	—	—	—	—	—	—	—	—	—	—	—	—	—	—	—	—	—	—	—	—	—	—	—
—	—	—	—	—	—																	—	—	—	—
—	—	—	—	—	—																	—	—	—	—
—	—	—	—	—	—																	—	—	—	—

Für alle Reihen mit flachen Scheiben ist $d_3 \geqq d + 0{,}2$ mm
Die Spalten für „D“ und „r“ gelten auch für die Reihen 522, 523, 524

Axialkugellager mit kugeliger Gehäusescheibe nach DIN 711 Bl. 1 sowie Unterlagscheiben dazu nach DIN 5414 sind hier nicht aufgeführt.

Axial-Pendelrollenlager.

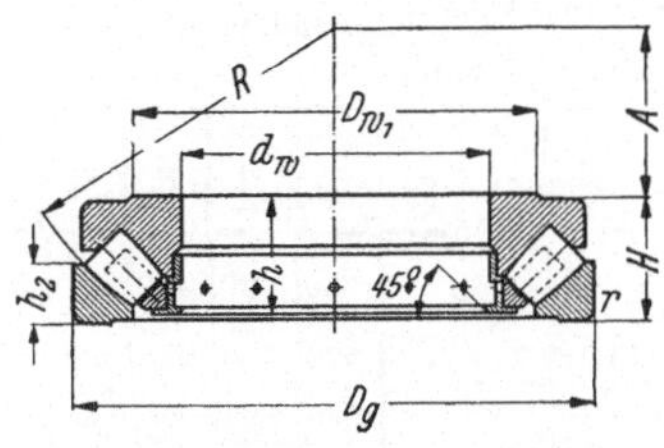

Kenn-ziffer	dw	292 .						293 .						294 . .						Bohrung in mm
		D_g	H	D_{w_1}	h	A	r	D_g	H	D_{w_1}	h	A	r	Dg	H	D_{w_1}	h	A	r	
12	60													130	42	91	39,5	38	2,5	60
13	65													140	45	99	42,5	42	3	65
14	70													150	48	106	45,5	44	3	70
15	75													160	51	113	48	47	3	75
16	80													170	54	120	51	50	3,5	80
17	85													180	58	128	55	54	3,5	85
18	90													190	60	135	57	56	3,5	90
20	100													210	67	150	64	62	4	100
22	110													230	73	165	69	69	4	110
24	120							210	54	160	51	70	3,5	250	78	180	74	74	5	120
26	130							225	58	170	55	76	3,5	270	85	195	81	81	5	130
28	140							240	60	185	57	82	3,5	280	85	205	81	86	5	140
30	150							250	60	195	57	87	3,5	300	90	220	86	92	5	150
32	160							270	67	210	64	92	4	320	95	230	91	99	6	160
34	170							280	67	220	64	96	4	340	103	245	99	104	6	170
36	180							300	73	235	69	103	4	360	109	260	105	110	6	180
38	190							320	78	250	74	110	5	380	115	275	111	117	6	190
40	200							340	85	265	81	116	5	400	122	290	119	122	6	200
44	220							360	85	285	81	125	5	420	122	310	117	132	8	220
48	240	340	60	285	57	130	3,5	380	85	300	81	135	5	440	122	330	117	142	8	240
52	260	360	60	305	57	139	3,5	420	95	330	91	148	6	480	132	360	127	154	8	260
56	280	380	60	325	57	150	3,5	440	95	350	91	158	6	520	145	390	140	166	8	280
60	300	420	73	355	69	162	4	480	109	380	105	168	6	540	145	410	140	175	8	300
64	320	440	73	375	69	172	4	500	109	400	105	180	6	580	155	435	149	191	10	320
68	340	460	73	395	69	183	4	540	122	430	117	192	6	620	170	465	164	201	10	340
72	360	500	85	420	81	194	5	560	122	450	117	202	6	640	170	485	164	210	10	360
76	380	520	85	440	81	202	5	600	132	480	127	216	8	670	175	510	168	230	10	380
80	400	540	85	460	81	212	5	620	132	500	127	225	8	710	185	540	178	236	10	460
84	420	580	95	490	91	225	6	650	140	525	135	235	8	730	185	560	178	244	10	420
88	440	600	95	510	91	235	6	680	145	550	140	245	8	780	206	595	199	260	12	440
92	460	620	95	530	91	245	6	710	150	575	144	257	8	800	206	615	199	272	12	400
96	480	650	103	555	99	259	6	730	150	595	144	270	8	850	224	645	216	280	12	480
/500	500	670	103	575	99	268	6	750	150	615	144	280	8	870	224	670	216	290	12	500
/530	530	710	109	610	105	288	6	800	160	650	154	295	10	920	236	710	228		12	530
/560	560	750	115	645	111	302	6	850	175	690	168	310	10	980	250	750	242		15	560
/600	600	800	122	690	117	321	6	900	180	735	173	335	10	1030	258	800	249		15	600
/630	630	850	132	730	127	338	8	950	190	775	183	345	12	1090	280	850	270		15	630
/670	670	900	140	775	135	364	8	1000	200	820	193	372	12	1150	290	900	280		18	670
/710	710	950	145	820	140	380	8	1060	212	870	204	394	12	1220	308	950	298		18	710
/750	750	1000	150	860	144	406	8	1120	224	915	216	415	12	1280	315	1000	304		18	750
/800	800	1060	155	915	149	426	10	1180	230	970	222	440	12	1360	335	1060	324		18	800
/850	850	1120	160	970	154	453	10	1250	243	1030	235		15	—	—	—	—		—	850
/900	900	1180	170	1025	164	477	10	1320	250	1090	242		15	—	—	—	—		—	900
/950	950	1250	180	1085	173	507	10	1400	272	1150	263		15	—	—	—	—		—	950
/1000	1000	1320	190	1145	183	540	12	—	—	—	—		—	—	—	—	—		—	1000
/1060	1060	1400	206	1215	199	566	12	—	—	—	—		—	—	—	—	—		—	1060

Dynamische Tragzahlen C für Kugellager in kg bzw. t.

Bohrung in mm	Rillenkugellager einreihig 160..	60..	62..	63..	64..	2rhg 42..	Schrägkugellager einreihig 72..	73..	173..	2reihig 32..	33..	Pendelkugellager 12..	13..	22..	23..	Axialkugellager einseitig wirkend 511..	512.. 532..	513.. 533..	514.. 534..	zweiseitig wirkend 522.. 542..	523.. 543..	524.. 544..	Bohrung in mm
10		340	340	655		580	375	695		695		390	520	490		570	720			950	—	—	10
12		375	530	800		650	540	850		780		415	680	530		610	780			—			12
15	365	405	585	880		720	620	915	1,12	780	1,37	570	735	585	880	655	950			1,40		3,35	15
17	400	430	720	1,06	1,93	960	765	1,18	1,40	1,10	1,86	640	965	850	1,06	720	1,00			—		—	17
20	475	695	980	1,25	2,60	1,30	1,04	1,37	1,63	1,53	1,86	830	1,02	1,00	1,37	965	1,40			1,80	2,28	4,40	20
25	540	750	1,04	1,66	2,90	1,43	1,16	1,96	2,12	1,73	2,60	1,02	1,50	1,06	1,86	1,22	1,80	2,28	3,35	1,96	2,80	5,30	25
30	850	1,00	1,46	2,20	3,45	1,76	1,63	2,50	2,70	2,50	3,45	1,40	1,86	1,37	2,45	1,32	1,96	2,80	4,40	2,65*	3,60*	6,80	30
35	930	1,20	1,96	2,60	4,30	2,28	2,16	3,00	3,20	3,35	4,30	1,53	2,28	1,93	3,05	1,46	2,65	3,60	5,30	3,25	5,30	7,80	35
40	1,02	1,27	2,24	3,15	5,00	2,75	2,60	3,55	3,90	3,80	5,50	1,93	2,75	2,12	3,60	1,96	3,05	4,50	6,80	3,45	6,30	9,50	40
45	1,22	1,63	2,50	4,05	6,00	2,75	2,90	4,65	5,00	4,25	6,55	2,16	3,45	2,32	4,30	2,08	3,25	5,30	7,80	4,90	7,65	10,8	45
50	1,27	1,70	2,70	4,75	6,70	2,90	3,05	5,40	5,85	4,75	8,00	2,32	3,90	2,40	5,10	2,24	3,45	6,30	9,50	5,30	8,15	12,7*	50
55	1,56	2,20	3,25	5,40	7,80	3,60	3,80	6,20		5,40	8,65	2,80	4,75	2,75	6,00	2,70	4,90	7,65	10,8	5,50	8,50*	15,3	55
60	1,60	2,28	4,00	6,10	8,50	4,30	4,55	6,95		6,55	10,0	3,20	5,50	3,45	6,80	3,20	5,30	8,15	12,7	5,70	11,2	17,0	60
65	1,73	2,40	4,40	6,95	9,30	5,10	5,10	7,80		7,10	11,4	3,45	5,85	4,30	7,35	3,35	5,50	8,50	14,0	5,85	11,6	18,3*	65
70	2,24	3,00	4,65	7,80	11,8	5,50	5,60	8,80		7,10	13,2	3,80	6,95	4,50	8,30	3,45	5,70	9,80	15,3	6,10	13,2	21,2	70
75	2,36	3,15	5,00	8,50	12,7	5,40	5,85	9,65		7,80	13,7	4,25	7,35	4,75	9,30	3,65	5,85	11,2	17,0	7,20	13,2	—	75
80	2,75	3,75	5,50	9,30	13,7		6,55	10,6		9,50	15,6	4,50	8,15	5,20	10,2	3,75	6,10	11,6	18,3	8,65	—	26,0	80
85	2,85	3,90	6,30	10,2	14,3		7,20	11,6		10,2	17,3	5,40	9,15	6,10	10,8	3,90	7,20	13,2	19,6	10,8	15,6	—	85
90	3,40	4,55	7,10	11,0	15,3		8,50	12,7		11,8	19,6	6,00	10,4	7,10	11,8	5,00	8,65	13,2	21,2	—	—	29,0	90
95	3,55	4,80	8,00	12,0			9,50	13,7		13,7	21,6	6,80	11,6	8,30	12,9	—	—	—	—	11,4	18,0	31,0	95
100	3,65	4,80	9,00	13,7			10,2	15,6		14,6	23,6	7,35	12,5	9,50	15,3	6,95	10,8	15,6	26,0	11,8	21,6	38,0	100
105	4,25	5,70	9,80	14,6			11,2	17,0		15,3	25,5	8,00	14,0	10,4	16,3	—	—	—	—	—	—	—	105
110	4,65	6,40	10,8	16,6			12,2	19,0		17,3	27,5	9,30	15,3	11,6	17,6	7,35	11,4	18,0	29,0	15,0	23,2	38,0	110
120	5,10	6,70	11,0	16,6												7,65	11,8	21,6	31,0	15,6	26,0	41,5	120
130	6,55	8,30	12,0	18,6												8,80	15,0	23,2	38,0	17,0	27,5	48,0	130
140	6,70	8,65	12,9	20,8												9,15	15,6	26,0	38,0	17,6	32,0	—	140
150	7,50	9,80	13,7	22,4												9,65	17,0	27,5	41,5	20,0*	33,5*	57,0	150
160	8,15	11,0	14,6	22,8												10,0	17,6	32,0	48,0	24,5	42,5		160
170	9,50	12,9	17,0	26,5												11,8	20,0	33,5	53,0	25,0	46,5		170
180	10,8	14,6	18,3	30,0												12,0	20,8	36,0	57,0	—			180
190	11,8	15,6	20,8	31,0												14,6	24,5	42,5	61,0	26,5			190
200	13,4	17,6	22,0	32,0												15,0	25,0	46,5	65,5				200
220	14,0	20,0	24,5	34,5												16,0	26,5		69,5				220
240	14,6	21,2	30,0	37,5												20,8	34,5		72,0				240
260	19,6	24,5	34,0	42,5												21,2	36,5		81,5				260
280	20,8	25,5	36,0	48,0												27,0	38,0		90,0				280
300	24,5	30,5	39,0													32,0	49,0		93,0				300
320	24,5	32,0	45,0													33,5	51,0		100				320
340	30,0	38,0														34,5	52,0		112				340
360	31,0	40,0														36,0	64,0		116				360
380	33,5	40,0																					
400		45,0																					
420		47,5																					
440		49,0																					
460		54,0																					
480		54,0																					
500		56,0																					

Dynamische Tragzahlen für kleine Lager

Bohrung in mm	in kg E	El	R	133	Bohrung in mm	in kg E	Bo	L	M
3	120	40			12	320			
4	120	80	140		13	320			
5	120	140	216	166	15	430	655		
6	216	216	—	166	17	—	800	530	
7	240	156	240	193	19	375	—	—	
8	260	240	—	193	20	850	—	815	1120
9	355	260	340	275	25	—	—	865	
10	355				30			850	
11	320								

* Die nächste Lagernummer hat die gleiche Bohrung d_2, aber größeren Außendurchmesser und größere Höhe und daher auch eine etwas höhere Tragzahl.

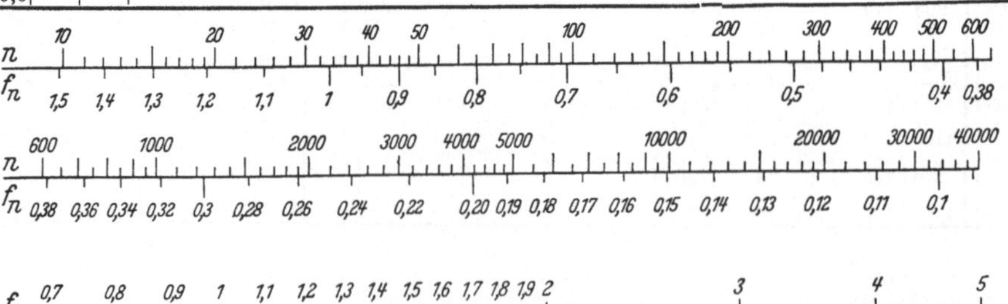

Dynamische Tragzahlen C für Radial-Rollenlager in kg bzw. t.

Bohrung in mm	Zylinderrollenlager								Nadellager	Kegelrollenlager					Tonnenlager			Pendelrollenlager					
	NUE	NUL	NUM	NUS	WUL	WUM	NNU 49..	NN 30..	NA	302..	303..	313..	322..	332..	202..	203..	204..	230..	231..	232..	222..	213..	223..
15											1,29			1,90									
17		695							1,46	1,04	1,63			2,32									
20		980	1,37						1,60	1,60	2,55			3,00		1,60						1,73	
25	830	1,10	1,86		1,37	2,65			2,16	1,76	3,05	2,50		4,15	1,50	2,16	3,65					2,32	
30	1,10	1,46	2,45	4,25	1,93	3,10		2,04	2,32	2,40	3,55	3,15	3,25	5,40	1,73	3,00	4,80					3,25	
35	1,34	2,12	3,00	5,20	3,00	3,65		2,60	2,55	3,10	4,75	3,80	4,30	6,70	2,50	3,65	5,85					3,75	
40	1,56	2,75	3,75	6,70	3,45	5,10		3,10	2,75	3,60	5,40	5,00	4,80	7,80	3,00	5,00	7,35					4,90	6,30
45	1,86	2,90	4,80	7,50	3,65	6,20		3,60	2,90	4,15	6,80	6,40	5,20	9,50	3,20	5,60	8,50					6,00	8,00
50	2,00	3,05	5,85	9,30	3,80	7,80		3,80	4,00	4,55	8,00	7,35	5,30	11,8	3,75	7,10	10,6					6,80	11,0
55	2,28	3,65	7,10	9,80	4,50	9,00		5,00	4,25	5,60	9,15	8,30	6,95	13,7	4,75	8,15	12,0					8,15	12,9
60	2,36	4,40	8,50	11,8	5,85	11,0		5,30	4,40	6,10	10,8	10,0	8,30	16,0	5,50	10,0	12,9					9,30	15,6
65	2,45	5,10	9,50	13,2	7,10	12,0		5,60	4,55	7,20	12,5	11,6	10,0	18,3	6,20	11,6	15,0					11,2	17,0
70	3,55	5,30	10,4	16,6	7,35	14,0		7,10	4,75	7,80	14,3	13,7	10,2	20,8	7,10	12,9	19,0					12,7	22,4
75	3,65	6,20	12,7	19,3	8,00	17,6		7,10	6,10	8,65	16,0		10,8	24,0	7,50	14,6	21,2					14,3	23,2
80	4,50	7,10	13.4	22,0	9,50	18,6		8,80	6,30	9,65	17,6		12,5	27,0	8,50	16,6	25,0				9,50	16,0	27,5
85	4,90	8,15	15,0	25,5	11,0	20,4		9,15	6,55	11,4	20,0		14,3	30,5	10,0	18,6	28,0				12,2	18,0	30,0
90	5,50	9,80	17,3	28,5	12,7	22,4		10,6	6,70	12,7	21,6		17,3	34,5	12,0	21,2	31,0				15,6	20,0	35,5
95	5,60	11,4	18.6	30,0	15,0	26,0		11,2	6,95	14,0	25,5		19,6	38,0	14,0	23,2	33,5				18,3	21,6	38,0
100	5,85	12,7	21,6	34,0	17,0	30,5	7,35	11,6	7,10	16,3	28,0		22,0	44,0	15,6	25,0	37,5				21,2	25,0	45,5
105	6,80	14,0	25,0	38,0	—	—	7,50	15,0	—	18,3	30,5		25,5	49,0	16,6	27,0	39,0				—	27,4	—
110	8,50	16,3	30,0	41,5	21,2	41,5	7,65	17,3	10,0	20,4	33,5		28,5	54,0	19,6	30,0	43,0		26,5		27,5	30,0	56,0
120	9,15	18,3	34,0	53,0	24,5	52,0	9,00	18,0	10,6	22,8	40,0		34,0	62,0	21,6	35,5	53,0	22,0	33,5		34,0		68,0
130	11,0	19,0	41,5	65,5	26,5	62,0	11,2	22,4	15,6	24,5					23,2	40,0		27,5	36,0		42,5		78,0
140	12,0	22,4	46,5	71,0	32,0	68,0	11,6	23,6	16,3	28,5					27,5	47,5		29,0	41,5		48,0		86,5
150	13,4	27,0	51,0	75,0	38,0	76,5	17,3	26,5	17,0	32,5					31,0	54,0		33,5	54,0		54,0		96,5
160	16,3	31,0	54,0	80,0	44,0	81,5	17,6	30,0							35,5	58,5		38,0	63,0		65,5		106
170	19,6	35,5	62,0	86,5	51,0	91,5	18,0	36,5							42,5	65,5		46,5	67,0		73,5		122
180	24,5	36,5	69,5	100	53,0	104	23,2	46,5							47,5	72,5		56,0	80,0		75,0		132
190	25,5	41,5	76,5	104	60,0	116	23,6	49,0							51,0	80,0		60,0	90,0		83,0		146
200	28,0	45,5	76,5	118	67,0	116	30,0	55,0							55,0	81,5		68,0	102		93,0		156
220	36,5	57,0	95,0	163	83,0	137	31,0	69,5							67,0	106		81,5	120	153	118		183
240	39,0	72,0	114	186	108	163	32,5	72,0							81,5	120		88,0	134	186	146		216
260	48,0	88,0	129		137	183	45,5	90,0							98,0			110	166	220	170		245
280	51,0	88,0	146		137	216	47,5	95,0							100			118	180	232	180		280
300	67,0	112			160		64,5	112										150	212	280	204		
320	68,0	127			183		65,5	120										156	250	315	236		
340	83,0																	190	290	365			
360	86,5																	196	305	390			
380	88,0																	204	320	440			
400	110																	236	345	475			
420	112																	250	415	550			
440	122																	270	440	570			
460	132																	300	465	655			
480	134																	305	500	720			
500	137																	320	600	830			

Dynamische Tragzahlen C und statische Tragzahlen Co für Axialpendelrollenlager in t

Bohrung mm	292 C	292 Co	293.. C	293.. Co	294.. C	294.. Co	Bohrung mm	292.. C	292.. Co	293.. C	293.. Co	294.. C	294.. Co
60					22,0	44,0	320	98	260	200	475	360	800
65					26,0	52,0	340	102	270	245	560	405	880
70					28,5	57,0	360	129	325	250	585	415	930
75					33,5	67,0	380	134	380	305	710	450	1000
80					36,0	72,0	400	140	405	310	735	510	1140
85					41,5	83,0	420	186	490	335	765	530	1200
90					46,5	96,5	440	193	500	375	850	620	1370
100					56,0	116	460	200	520	400	950	640	1460
110			34,5	75,0	67,0	137	480	220	570	405	965	735	1600
120			44,0	95,0	78,0	160	500	228	600	415	1020	750	1700
130			50,0	108	91,5	186	530	250	655	490	1200		
140			56,0	125	96,5	200	560	290	765	520	1270		
150			58,5	129	110	228	600	315	830	600	1400		
160			68,0	150	125	260	630	375	1000	680	1560		
170			69,5	156	140	290	670	415	1080	720	1660		
180			83,0	186	160	325	710	455	1200	830	1900		
190			96,5	216	173	360	750	500	1370	915	2080		
200			114	255	193	405	800	540	1430	1000	2280		
220			118	265	200	425	850	600	1600				
240	68,0	180	122	280	208	450	900	630	1700				
260	72,0	186	156	360	255	550	950	720	1960				
280	75,0	200	160	375	300	640	1000	830	2200				
300	95,0	245	196	450	300	640	1060	930	2500				

Beiwerte x und y für Radiallager

	Pendelkugellager	einr. Schrägkugellager, Kegelrollenlager		übrige Lager
Umfangslast am Innenring	x = 1	x = 0,5 wenn $P > F_r$	sonst wie bei übrigen Lagern dabei Fa = 0 setzen	x = 1
Punktlast am Innenring	x = 1	x = 0,7 wenn $P > 1{,}4\,F_r$		x = 1,4

	Rillenkugellager einr.	Rillenkugellager zweir.
C/P = 4	y = 1,3	y = 3,5
C/P = 8	y = 1,6	y = 4,2
C/P = 16	y = 2,0	y = 5,3

Schrägkugellager einreihig	Schrägkugellager zweireihig
y = 0,7	y = 1,3

Schulterkugellager y = 2,5

Pendelkugellager	
13300 → 04	y = 2,25
1200 → 03	y = 2,5
1204 → 05	y = 2,75
1206 → 07	y = 3,25
1208 → 09	y = 3,5
1210 → 12	y = 4
1213 → 22	y = 4,5
2200 → 03	y = 1,5
2204 → 07	y = 2
2208 → 09	y = 2,5
2210 → 13	y = 2,75
2314 → 19	y = 3
1300 → 03	y = 2,25
1304 → 05	y = 2,75
1306 → 09	y = 3
1310 → 13	y = 3,25
1314 → 19	y = 3,5
2302 → 04	y = 1,5
2305 → 10	y = 1,75
2311 → 19	y = 2

Kegelrollenlager	
30203 → 04	y = 1,8
30205 → 13	y = 1,6
30214 → 30	y = 1,4
32206 → 13	y = 1,6
32214 → 24	y = 1,4
30302 → 03	y = 2,2
30304 → 07	y = 2,0
30308 → 24	y = 1,8
31305 → 14	y = 0,75
32304 → 07	y = 2,0
32308 → 24	y = 1,8

Pendelrollenlager	
23024 → 80	y = 4,8
23084 → /500	y = 5,2
23122 → /500	y = 3,8
22216 → 17	y = 4,6
22218 → 20	y = 4,4
22222 → 64	y = 4,2
23244 → /500	y = 3,2
21304 → 06	y = 4,3
21307 → 12	y = 5
21313 → 20	y = 5,5
21322	y = 5,8
22308 → 12	y = 2,9
22313 → 40	y = 3,2
22344 → 56	y = 3,4

Statische Tragfähigkeit Co für Kugellager in kg bzw. t.

Bohrung in mm	Rillenkugellager einreihig					2rhg	Schrägkugellager einreihig			2reihig		Pendelkugellager				Axialkugellager einseitig wirkend				zweiseitig wirkend			Bohrung in mm
	160..	60..	62..	63..	64..	42..	72..	73..	173..	32..x	33..x	12..	13..	22..	23..	511..	512.. 532..	513.. 533..	514.. 534..	522.. 542..	523.. 542..	524.. 544..	
10		190	196	360		435	240	410		455		140	190	180	270	1,14	1,40			2,04			10
12		220	300	430		490	335	505		560		153	250	200	300	1,25	1,56			—			12
15	224	255	355	520		580	415	590		560	930	208	270	216	335	1,37	2,04			3,10		7,35	15
17	260	285	440	630	1,10	790	530	780		815	1,29	245	375	280	415	1,60	2,20			—		—	17
20	320	450	655	765	1,56	1,08	735	930		1,10	1,40	320	400	390	550	2,20	3,10			4,15	5,10	10,4	20
25	390	520	710	1,04	1,90	1,25	880	1,43		1,37	2,00	405	600	425	765	2,90	4,15	5,10	7,35	4,80	6,55	12,7	25
30	630	710	1,00	1,46	2,32	1,65	1,27	1,93		2,04	2,75	570	765	560	1,02	3,25	4,80	6,55	10,4	6,40*	8,65*	17,0	30
35	735	880	1,37	1,76	3,05	2,16	1,73	2,32		2,80	3,60	640	965	800	1,32	3,90	6,40	8,65	12,7	8,65	13,4	20,0	35
40	850	980	1,60	2,20	3,75	2,70	2,12	2,90		3,25	4,55	815	1,20	915	1,60	5,20	7,65	11,2	17,0	9,15	16,6	25,5	40
45	1,00	1,27	1,83	3,00	4,40	2,70	2,45	3,90		3,75	5,60	915	1,56	1,02	1,96	5,70	8,65	13,4	20,0	13,2	20,4	30,0	45
50	1,08	1,37	2,12	3,55	5,00	3,00	2,65	4,55		4,30	7,35	1,02	1,73	1,08	2,40	6,20	9,15	16,6	25,5	14,6	22,0	36,0*	50
55	1,34	1,80	2,60	4,25	6,00	3,80	3,35	5,40		4,90	8,00	1,27	2,20	1,27	2,85	7,65	13,2	20,4	30,0	15,6*	23,6*	45,5	55
60	1,43	1,93	3,20	4,80	6,70	4,60	4,15	6,20		6,30	9,65	1,46	2,60	1,60	3,35	9,30	14,6	22,0	36,0	17,3	32,5	51,0	60
65	1,60	2,12	3,55	5,50	7,65	5,55	4,90	7,20		6,95	11,2	1,60	2,85	2,04	3,90	9,65	15,6	23,6	40,5	18,0	35,5	56,0*	65
70	2,04	2,55	3,90	6,30	10,2	6,05	5,30	8,30		7,10	12,9	1,76	3,45	2,16	4,50	10,4	16,3	28,0	45,5	22,0	40,5	68,0	70
75	2,16	2,80	4,25	7,20	11,0	6,10	5,70	9,30		8,00	14,0	2,00	3,75	2,24	5,20	11,2	17,3	32,5	51,0	27,0	40,5	—	75
80	2,55	3,35	4,55	8,00	12,0		6,40	10,4		9,65	16,0	2,20	4,15	2,50	5,85	11,6	18,0	35,5	56,0	—	—	88,0	80
85	2,70	3,60	5,50	8,80	13,2		7,35	11,6		10,6	18,0	2,65	4,75	3,00	6,20	12,5	22,0	40,5	62,0	34,0	49,0		85
90	3,20	4,15	6,30	9,80	14,6		8,65	12,9		12,7	21,2	3,00	5,50	3,60	6,95	15,6	27,0	40,5	68,0	—	—		90
95	3,40	4,50	7,20	11,2			10,0	14,3		15,0	24,0	3,45	6,20	4,30	7,80	—	—	—	—	37,5	58,5		95
100	3,60	4,50	8,15	13,2			10,6	17,0		16,0	26,5	3,60	7,10	5,10	9,50	22,0	34,0	49,0	88,0	39,0	72,0		100
105	4,15	5,40	9,30	14,3			12,0	18,6		17,7	30,0	4,15	8,00	5,60	10,4	—	—	—	—	—	—		105
110	4,65	6,10	10,4	16,6			13,4	21,6		19,6	32,0	5,00	8,80	6,40	11,4	23,6	37,5	58,5	102	51.0	78,0		110
120	5,20	6,55	10,4	17,0								6,70	11,0	6,95		25,5	39,0	72,0	110	54,0	93,0		120
130	6,70	8,30	11,6	19,6								7,50	13,4	8,30		29,0	51,0	78,0	146	60,0	100		130
140	6,95	9,00	12,9	22,4								9,15	15,0	9,15		31,0	54,0	93,0	146	62,0	120		140
150	8,00	10,4	14,3	25,5								10,8	17,3	11,2		33,5	60,0	100	163	73,5	129*		150
160	8,65	11,8	15,6	26,0								12,7	19,0			35,5	62,0	120	200	76,5	173		160
170	10,4	14,3	19,0	30,5								14,0	21,6			42,5	73,5	129	224	91,5	196		170
180	12,0	16,6	20,4													44,0	76,5	141	250	96,5			180
190	13,7	18,0	24,0													54,0	91,5	173		104			190
200	15,6	20,0	26,5													56,0	96,5	196					200
220	16,6															61,0	104						220
240	17,3															81,5	143						240
260	25,0															86,5	156						260
280	26,5															112	163						280
300	32,5															137	224						300
320	32,5															146	236						320
340	42,5															156	245						340
360	45,0															163	315						360
380	50,0																						

Statische Tragfähigkeit für kleine Lager in kg

Bohrung in mm	E	EL	R	133	Bohrung in mm	E	Bo	L	M
3	26	22	—		12	77			
4	26	40	71		13	77			
5	26	71	108	55	15	105	160		
6	44	110	—	55	17	—	198	137	
7	51	86	132	67	19	96			
8	58	134	—	67	20	216		216	285
9	78	156	186	95	25			232	
10	78				30			231	
11	77								

* Die nächste Lagernummer hat die gleiche Bohrung d_2, aber größeren Außendurchmesser und größere Höhe, daher auch eine größere Tragfähigkeit.

Statische Tragfähigkeit Co für Radialrollenlager in kg bzw. t.

Bohrung in mm	Zylinderrollenlager								Nadellager	Kegelrollenlager					Tonnenlager			Pendelrollenlager					
	NUE	NUL	NUM	NUS	WUL	WUM	NNU 49..	NN 30..	NA	302..	303..	313..	322..	323..	202	203	204	230	231	232	222	213	223
15											980												
17		480							1,54	850	1,25												
20		695	965						1,77	1,29	1,60			2,28								1,90	
25		850	1,37		1,22	2,28			2,34	1,56	2,16	1,83		3,20		1,46						2,70	
30		1,16	1,93	3,10	1,76	2,80		1,80	2,65	2,08	2,85	2,28	2,75	4,30	1,43	2,20	3,45					3,80	
35		1,70	2,36	4,00	2,80	3,25		2,45	3,00	2,65	3,75	3,05	3,65	5,40	1,66	2,75	4,65					4,50	
40		2,32	3,10	5,20	3,35	4,80		2,90	3,40	3,10	4,50	3,65	4,05	6,70	2,45	3,45	5,30					6,00	5,85
45		2,50	3,90	5,85	3,60	5,70		3,40	4,95	3,60	5,70	4,65	4,65	8,15	3,00	4,65	6,80					7,80	7,50
50	1,76	2,70	4,90	7,35	3,90	7,50		3,75	5,50	4,05	6,70	5,40	4,80	10,2	3,20	5,30	7,80					8,30	10,0
55	2,16	3,25	5,85	8,15	4,65	8,50		5,00	6,05	5,20	7,80	6,20	6,30	12,0	3,75	6,80	9,65					9,80	11,8
60	2,28	4,00	7,20	9,80	6,20	10,6		5,50	6,35	5,60	9,15	7,50	7,65	14,0	4,80	7,80	11,2					11,4	14,0
65	2,40	4,75	8,15	10,8	7,50	12,2		6,00	6,85	6,55	10,8	8,65	9,30	16,0	5,60	9,65	12,2					13,7	15,3
70	3,45	5,00	9,00	14,0	8,00	14,0		7,65	7,30	7,10	12,2	10,6	9,30	18,3	6,40	11,2	14,3					15,6	19,6
75	3,65	5,85	11,0	16,3	8,65	17,3		7,65	9,80	8,15	13,7		10,2	21,2	7,35	12,0	18,3					17,6	21,2
80	4,50	6,80	12,0	18,6	10,2	19,0		9,65	10,3	8,80	15,3		11,6	23,6	7,80	14,3	20,4				10,2	19,6	24,5
85	4,75	7,80	13,2	21,2	12,0	20,0		10,4	10,9	10,6	17,0		13,7	27,5	9,00	16,3	22,4				13,2	22,0	26,5
90	5,70	9,30	15,6	24,0	13,7	22,8		11,8	11,3	12,0	19,0		16,6	31,5	11,0	18,3	25,0				16,0	24,5	31,0
95	6,00	11,0	17,0	26,5	16,6	26,5		12,7	11,9	13,2	22,8		18,6	34,5	12,0	20,4	26,5				19,0	26,5	34,0
100	6,20	12,2	19,6	30,0	19,0	31,5	10,7	13,7	12,4	15,6	25,5		21,2	40,5	14,6	22,4	29,0				21,2	31,0	40,5
105	7,35	13,7	22,4	33,5	—	—	11,1	16,6	—	17,0	27,5		24,5	45,0	16,3	24,5	34,0				—	34,0	—
110	9,00	15,3	26,0	37,5	23,2	43,0	11,5	19,6	17,3	19,6	30,0		27,5	50,0	17,6	26,5			29,0		26,0	37,5	50,0
120	10,0	18,0	30,0	47,5	27,5	54,0	13,3	20,8	18,6	21,6	36,5		34,0	57,0	20,8	29,0		26,0	37,5		33,5		60,0
130	12,5	19,0	39,0	58,5	31,5	65,5	16,6	26,0	28,0	23,2					22,8	34,5		32,5	40,5		41,5		69,5
140	13,7	22,4	44,0	64,0	38,0	73,5	17,7	28,0	30,0	28,0					24,5	40,0		34,5	46,5		47,5		81,5
150	15,3	28,0	49,0	69,5	45,0	83,0	25,0	31,5	31,5	32,5					29,0	47,5		40,0	60,0		53,0		91,5
160	18,3	32,0	52,0			93,0	26,0	35,5							33,5	53,0		45,5	71,0		65,5		10[illegible]
170	22,0	36,5	60,0			102	27,0	44,0							39,0	58,5		56,0	75,0		71,0		118
180	27,5	39,0	69,5			118	34,0	55,0							45,0	65,5		65,5	90,0		76,5		129
190	29,0	44,0	75,0				35,0	60,0							45,5	72,0		71,0	102		85,0		140
200	32,5	49,0	75,0				44,5	65,5							50,0	80,0		81,5	114		95,0		153
220	41,5	62,0					47,0	83,0							58,5	81,5		104	134	166	122		186
240	45,5	78,0					50,0	88,0							71,0	100,0		110	156	200	153		216
260	56,0	96,5					68,5	108							86,5	118,0		137	190	240	180		250
280	62 0						73,0	116							104,0			150	212	255	193		285
300	80,0						95,5	140							108,0			186	245	310	220		
320	83,0						102	150										200	285	340	255		
340	100																	236	320	405	530		
360	104																	250	355	430	600		
380	108																	260	375	480	630		
400	137																	300	415	530	735		
420	140																	315	490	600	780		
440	153																	345	520	630			
460	166																	380	550	735			
480	170																	400	585	780			
500	176																	425	695	930